U0150337

国家陆地生态系统定位观测研究站研究成果

中国陆地生态系统质量定位观测研究报告2020

竹林—闽北地区

国家林业和草原局科学技术司 ◎ 编著

中国林業出版社
CFPH China Forestry Publishing House

图书在版编目(CIP)数据

中国陆地生态系统质量定位观测研究报告. 2020. 竹林—闽北地区 / 国家林业和草原局科学技术司编著. —北京：中国林业出版社，2021. 11

(国家陆地生态系统定位观测研究站研究成果)

ISBN 978-7-5219-1051-3

Ⅰ. ①中… Ⅱ. ①国… Ⅲ. ①陆地-生态系-观测-研究报告-中国-2020 ②竹林-生态系-观测-研究报告-福建-2020 Ⅳ. ①Q147

中国版本图书馆 CIP 数据核字(2021)第 222477 号

审图号：GS(2021)6765 号

责任编辑：李 敏 王美琪

出版 中国林业出版社(100009 北京西城区刘海胡同 7 号)

网址 http：//www. forestry. gov. cn/lycb. html 电话 010-83143542

发行 中国林业出版社

印刷 北京博海升彩色印刷有限公司

版次 2021 年 11 月第 1 版

印次 2021 年 11 月第 1 次印刷

开本 889mm×1194mm 1/16

印张 12

字数 197 千字

定价 126. 00 元

编委会

编写组

主　编　范少辉

编　者　栾军伟　张昌顺　刘广路　漆良华　石　雷
　　　　李丝雨　张　宇

编写说明

习近平总书记强调："绿水青山既是自然财富、生态财富，又是社会财富、经济财富。"那么，我国"绿水青山"的主体——陆地生态系统的状况怎么样、质量如何？需要我们用科学的方法，获取翔实的数据，进行认真地分析，才能对"绿水青山"这个自然财富、生态财富，作出准确、量化地评价。这就凸显出陆地生态系统野外观测站建设的重要性、必要性，凸显出生态站建设、管理、能力提升在我国生态文明建设中的基础地位、支撑作用。

党的十八大以来，党中央、国务院高度重视生态文明建设，把生态文明建设纳入"五位一体"总体布局，并将建设生态文明写入党章，作出了一系列重大决策部署。中共中央、国务院《关于加快推进生态文明建设的意见》明确要求，加强统计监测，加快推进对森林、湿地、沙化土地等的统计监测核算能力建设，健全覆盖所有资源环境要素的监测网络体系。

长期以来，我国各级林草主管部门始终高度重视陆地生态系统监测能力建设。20世纪50年代末，我国陆地生态系统野外监测站建设开始起步；1998年，国家林业局正式组建国家陆地生态系统定位观测研究站（以下简称"生态站"）；党的十八大以后，国家林业局（现为国家林业和草原局）持续加快生态站建设步伐，不断优化完善布局，目前已形成拥有202个（截至2019年年底）站点的大型定位观测研究网络，涵盖森林、草原、湿地、荒漠、城市、竹林六大类型，基本覆盖陆地生态系统主要类型和我国重点生态区域，成为我国林草科技创新体系的重要组成部分和基础支撑平台，在生态环境保护、生态服务功能评估、应对气候变化、国际履约等国家战略需求方面提供了重要科技支撑。

经过多年建设与发展，我国生态站布局日趋完善，监测能力持续提升，积累了大量长期定位观测数据。为准确评价我国陆地生态系统质量，推动林草事业高质量发展和现代化建设，我们以生态站长期定位观测数据为基础，结合有关数据，首次组织编写了国家陆地生态系统定位观测研究站系列研究报告。

本系列研究报告对我国陆地生态系统质量进行了综合分析研究，系统阐述了我国陆地生态系统定位观测研究概况、生态系统状况变化以及政策建议等。研究报告共分总论、森林、草原—东北地区、湿地、荒漠、城市生态空间、竹林—闽北地区7个分报告。

由于编纂时间仓促，不足之处，敬请各位专家、同行及广大读者批评指正。

丛书编委会

2021年8月

序　一

陆地生态系统是地质环境与人类社会经济相互作用最直接、最显著的地球表层部分，通过其生境、物种、生物学状态、性质和生态过程所产生的物质及其所维持的良好生活环境为人类提供服务。我国幅员辽阔，陆地生态系统类型丰富，在保护生态安全，为人类提供生态系统服务方面发挥着不可替代的作用。但是，由于气候变化、土地利用变化、城市化等重要环境变化影响和改变着各类生态系统的结构与功能，进而影响到优良生态系统服务的供给和优质生态产品的价值实现。

1957年，我赴苏联科学院森林研究所学习植物学理论与研究方法，当时把学习重点放在森林生态长期定位研究方法上，这对认识森林结构和功能的变化是一种必要的手段。森林是生物产量(木材和非木材产品)的生产者，只有阐明了它们的物质循环、能量转化过程及系统运行机制，以及森林生物之间、森林生物与环境之间的相互作用，才能使人们认识它们的重要性，使森林更好地造福人类的生存和生活环境。当时，这种定位站叫“森林生物地理群落定位研究站”，现在全世界都叫“森林生态系统定位研究站”。我在研究进修后就认定了建设定位站这一特殊措施，是十分必要的。1959年回国后，我即根据研究需要，于1960年春与四川省林业科学研究所在川西米亚罗的亚高山针叶林区建立了我国林业系统第一个森林定位站，开展了多学科综合性定位研究。

在各级林草主管部门和几代林草科技工作者的共同努力下，国家林业和草原局建设的中国陆地生态系统定位观测研究站网(CTERN)已成为我国林草科技创新体系的重要组成部分和基础支撑平台，在支持生态学基础研究和国家重大生态工程建设方面发挥了重要作用，解决了一批国家急需的生态建设、环境保护、可持续发展等方面的关键生态学问题，推动了我国生态与资源环境科学的融合发展。

国家林业和草原局科学技术司组织了一批年富力强的中青年专家，基于 CTERN 的长期定位观测数据，结合国家有关部门的专项调查和统计数据以及国内外的遥感和地理空间信息数据，开展了森林、湿地、荒漠、草原、城市、竹林六大类生态系统质量的综合评估研究，完成了《中国陆地生态系统质量定位观测研究报告(2020)》。

该系列研究报告介绍了生态站的基本情况和未来发展方向，初步总结了生态站在陆地生态系统方面的研究成果，阐述了中国陆地生态系统质量状态及生态服务功能变化，为准确掌握我国陆地生态状况和环境变化提供了重要数据支撑。由于我一直致力于生态站长期定位观测研究工作，非常高兴能看到生态站网首次出版系列研究报告，虽然该系列研究报告还有不足之处，我相信，通过广大林草科研人员持续不断地共同努力，生态站长期定位观测研究在回答人与自然如何和谐共生这个重要命题中将会发挥更大的作用。

中国科学院院士

2021 年 8 月

序　二

党的十九届五中全会通过的《中共中央关于制定国民经济和社会发展第十四个五年规划和二〇三五年远景目标的建议》提出了提升生态系统质量和稳定性的任务，对于促进人与自然和谐共生、建设美丽中国具有重大意义。建立覆盖全国和不同生态系统类型的观测研究站和生态系统观测研究网络，开展生态系统长期定位观测研究，积累长期连续的生态系统观测数据，是科学而客观评估生态系统质量变化及生态保护成效，提高生态系统稳定性的重要科技支撑手段。

林业生态定位研究始于20世纪60年代，1978年，林业主管部门首次组织编制了《全国森林生态站发展规划草案》，在我国林业生态工程区、荒漠化地区等典型区域陆续建立了多个生态站。1992年，林业部组织修订《规划草案》，成立了生态站工作专家组，提出了建设涵盖全国陆地的生态站联网观测构想。2003年，正式成立“中国森林生态系统定位研究网络”。2008年，国家林业局发布了《国家陆地生态系统定位观测研究网络中长期发展规划(2008—2020年)》，布局建立了森林、湿地、荒漠、城市、竹林生态站网络。2019年又布局建立了草原生态站网络。经过60年的发展历程，我国生态站网建设方面取得了显著成效。到目前为止，国家林业和草原局生态站网已成为我国行业部门中最具有特色、站点数量最多、覆盖陆地生态区域最广的生态站网络体系，为服务国家战略决策、提升林草科学研究水平、监测林草重大生态工程效益、培养林草科研人才提供了重要支撑。

《中国陆地生态系统质量定位观测研究报告(2020)》是首次利用国家林业和草原局生态站网观测数据发布的系列研究报告。研究报告以生态站网长期定位观测数据为基础，从森林、草原、湿地、荒漠、城市、竹林6个方面对我国陆地生态系统质量的若干方面进行了分析研究，阐述了中国陆地生态系统质量状态及生态服务功能变化，为准确掌握我国陆地生态系统状况和环境变化提供了重要数据支撑，同时该报告也是基于生态站长期观测数据，开展联网综合研究应用的一次重要尝试，具有十分重要的意义。

党的十八大以来，以习近平同志为核心的党中央把生态文明建设纳入“五位一体”国家发展总体布局，作为关系中华民族永续发展的根本大计，提出了一系列新理念新思想新战略，林草事业进入了林业、草原、国家公园融合发展的新阶段。在新的历史时期，推动林草事业高质量发展，不但要增“量”，更要提“质”。生态站网通过长期定位观测研究，既能回答“量”有多少，也能回答“质”是如何变化。期待国家林业和草原局能够持续建设发展生态站网，不断提升生态站网的综合观测和研究能力，持续发布系列观测研究报告，为新时期我国生态文明建设做好优质服务。

中国科学院院士 于贵瑞

2021年8月

前　言

竹子是我国重要林木资源，因其多用途、可再生的特性，在热带、亚热带、南温带地区被广泛使用。竹林不仅具有较高的经济和社会价值，在涵养水源、水土保持等方面还具有重要的生态功能。我国是世界竹资源大国，竹资源种类、竹林面积、竹产品产量和加工水平均位列世界第一。据第九次全国森林资源清查结果显示，我国竹林面积9600万亩，约占世界竹林总面积的40%。为加强我国竹林资源及其生态功能监测评价，2015年国家林业局开始建立竹林类型定位观测研究站，目前已建立竹林生态站10个，初步覆盖了北方散生竹区、江南混合竹区、南方丛生竹区、琼滇攀援竹区等我国主要竹产区。

在众多竹资源中，毛竹是我国分布最广、栽培和利用历史最悠久、经济价值最高的竹种。闽北地区是我国毛竹分布和种植的主要区域，该地区属于典型南方丘陵山地，竹林集约经营强度大，近年来水土流失和地力维护等问题十分突出。如何在大规模高效培育和利用毛竹林资源的同时，提高毛竹林生态服务功能，实现可持续发展成为目前亟待解决的问题。

本报告以闽北地区主要竹林、地带性森林、杉木人工林为对象，分析评价了6种森林类型林分结构特征及其群落结构、生物多样性、水源涵养和土壤抗侵蚀性等生态功能，比较了不同毛竹林综合生态功能差异，为南方丘陵地区发展毛竹林产业，减缓水土流失，实现竹林可持续经营提供有效科技支撑。

本书编写组
2021年8月

目　录

第一章 中国竹林生态系统定位观测研究概况

第一节 中国竹林生态系统定位观测研究网络概况

竹子是我国重要林木资源，以竹林为主体的生态定位观测研究站的建立对于科学评估竹林生态系统功能具有重要意义。2015 年 11 月，由国际竹藤中心牵头申报的 8 个生态站获国家林业局批复纳入《国家陆地生态系统定位观测研究网络名录》，包括湖北幕阜山竹林站在内的 9 个竹林生态

图 1-1 中国竹林生态系统定位观测研究站

站分布在九大产竹省份，初步覆盖了我国主要竹产区。经过 5 年的发展，目前已批复建设竹林生态定位站 10 个(图 1-1)，包括：安徽太平站、海南三亚站、江苏宜兴站、云南滇南站、广西凭祥站、四川长宁站、福建永安站、湖北幕阜山站、浙江浙西北站和江西井冈山站。

第二节　中国竹林资源概况

一、中国竹林资源概况及变化

据第九次全国森林资源清查报告显示，中国森林总面积为 2. 18 亿公顷，其中竹林 641 万公顷，占森林总面积的 3%(图 1-2)。全国竹林面积按竹种分，毛竹林 467. 78 万公顷、占竹林总面积的 72. 96%，其他竹林 173. 38 万公顷、占 27. 04%(图 1-3)；按起源分，天然竹林 390. 38 万公顷、占 60. 89%，人工竹林 250. 78 万公顷、占 39. 11%(图 1-3)；按林木所有权分，国有竹林 25. 28 万公顷、占 3. 94%，集体竹林 65. 38 万公顷、占 10. 20%，个人所有竹林 550. 50 万公顷、占 85. 86%(图 1-3)。

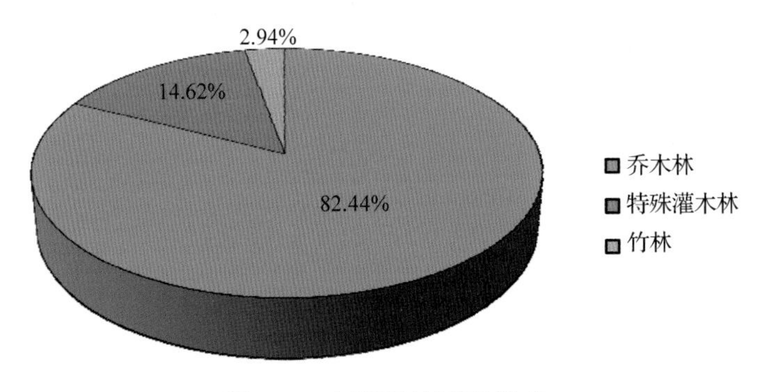

图 1-2　中国森林面积组成

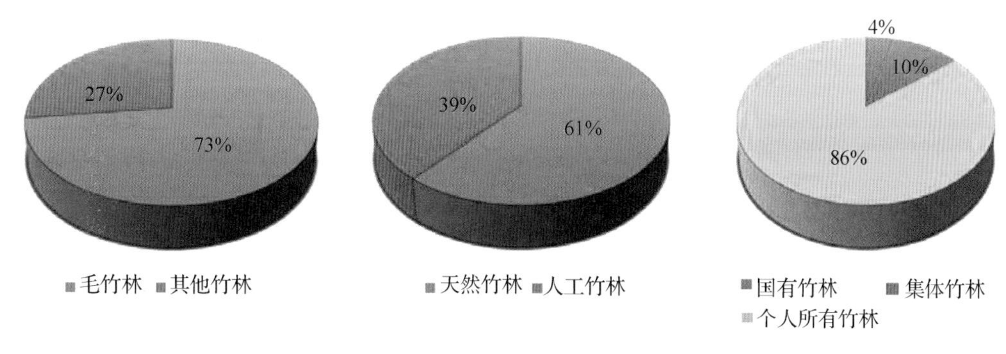

图 1-3　不同分类竹林面积构成

统计历次全国森林资源清查报告发现：中国竹林面积逐步增加，从 304 万公顷(1973—1976 年)增长到了 641.16 万公顷(2014—2018 年)(图 1-4)。比较 1994—1999 年与 2014—2018 年两次全国森林资源清查报告中各省竹林面积分布情况发现：除山西省、陕西省和海南省竹林面积减少外，其余各省竹林面积均有增加(表 1-1)。两次清查报告中竹林面积最大的均为福建省，其次为江西省、浙江省、湖南省(图 1-5)。四省的总竹林面积由 256.21 万公顷增长到 391.98 万公顷，分别占全国总竹林面积的 60.85%和 61.14%。

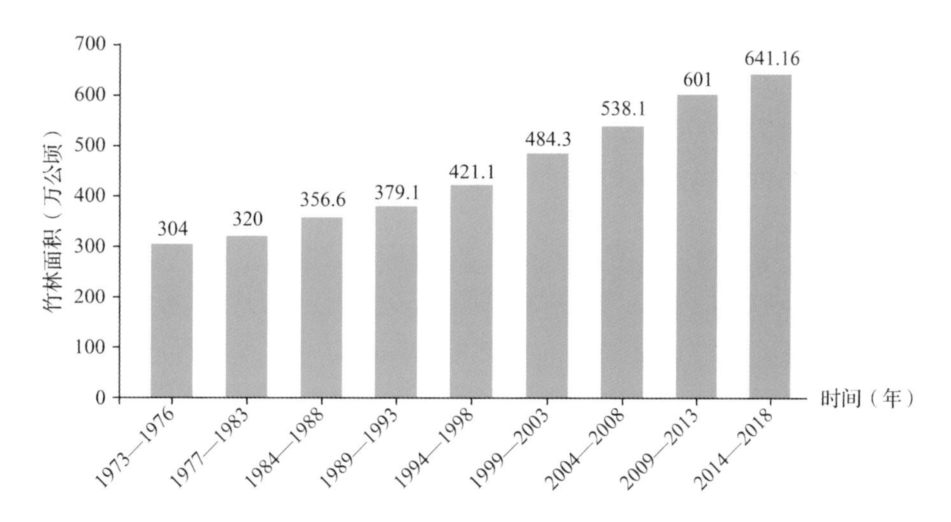

图 1-4　历次森林资源清查中竹林面积变化

表 1-1　中国各省份竹林面积

统计单位	竹林面积（万公顷）	
	1994—1998	**2014—2018**
全国	421.08	641.16
福建	82.03	113.96
江西	62.73	105.65
湖南	49.00	82.31
浙江	62.45	90.06
安徽	25.08	38.8
广东	38.38	44.62
广西	24.98	36.02
湖北	13.12	17.92
四川	36.04	59.28
贵州	5.44	16.01
江苏	2.30	3.13
重庆	0	15.39
河南	1.94	2.26
山西	0.16	0
上海	0.23	0.31
海南	2.16	1.68
云南	10.56	152
陕西	4.48	2.24

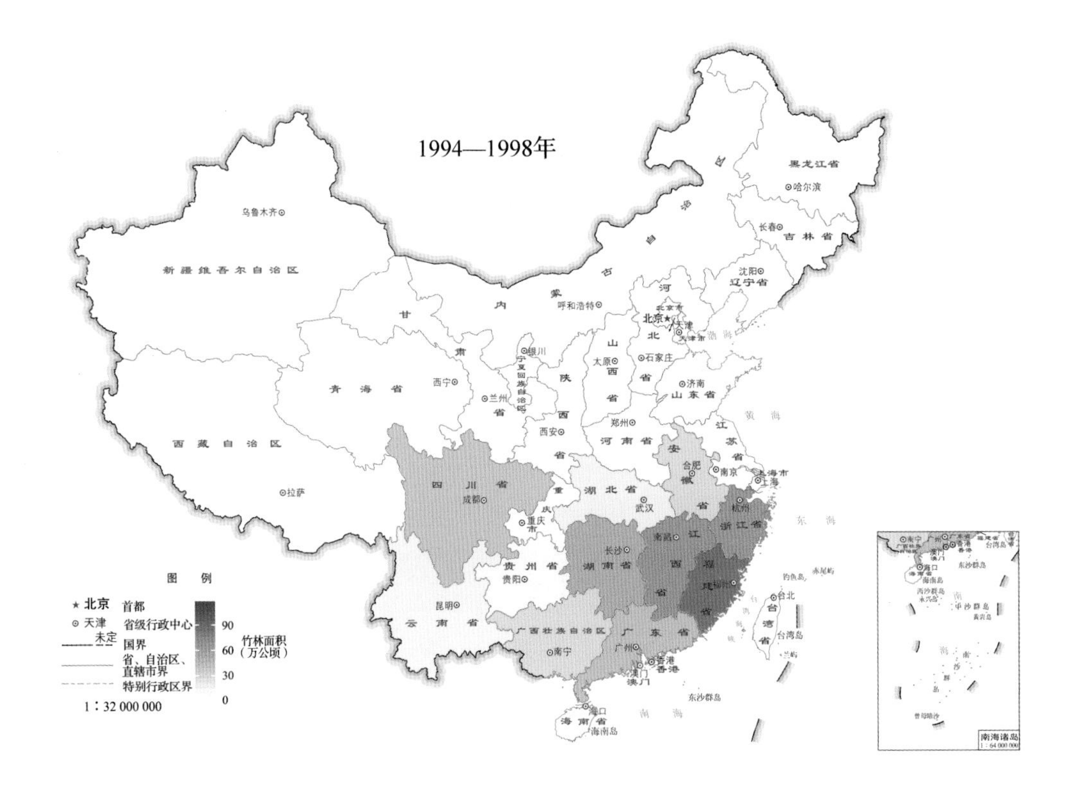

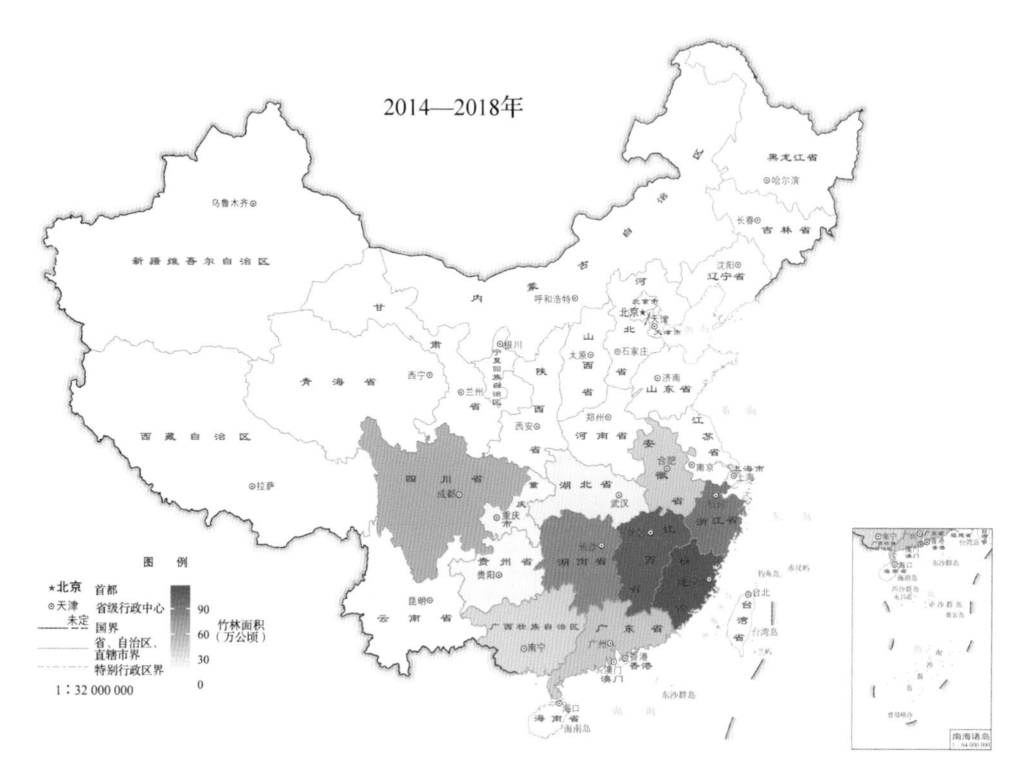

图 1-5　1994—1998 年、2014—2018 年中国各省份竹林面积

二、毛竹林生态功能评估背景及意义

竹资源是热带、南亚热带地区重要的多用途、可再生的森林资源。我国是世界竹资源大国，无论是竹资源的种数、属数、竹林面积，还是竹产品的产量及加工水平，皆居世界产竹国之首，故有“世界竹子王国”之美誉。据第六次森林资源清查，我国现有竹林面积 484. 3 万公顷，约占全国森林面积的 2. 8%，占世界竹林总面积的 39%（张齐生，2007），且每年以 13%的面积递增。竹产业在我国区域经济发展中发挥着极其重要作用，据统计，2005 年竹产业产值约 598 亿元人民币，年均增幅在 20%以上，出口创汇 10. 5 亿美元，直接从业人员超过 3500 多万（周宇，2007）。竹产业已成为我国林业的四大朝阳产业之一，为繁荣山区经济，增加农民收入，扩大出口创汇，作出了重要的贡献（江泽慧，2002）。

江南是我国竹资源的主要分布区和种植区（周芳纯，1993），地形以山地、丘陵为主，素有“八山一水一分田”之称，土壤类型主要以红壤为主。由于降雨充沛、降雨强度大且集中，江南山区、丘陵区以水蚀为主的土壤侵蚀较严重。据统计，南方东部闽、粤、赣、浙、桂、湘和豫皖等部分地区水土流失面积达 20×10^4 平方公里，占总土地面积的 17. 5%。水土流失导致土壤严重退化，水土资源恶化，生态环境破坏，成为制约我国区域经济持续发展的主要障碍(杨一松等，2004)。虽然，江南水热资源丰富，生产潜力巨大，但由于人口剧增和长期不合理利用，植被遭到严重破坏，水土流失严重，一度被称之为“红色沙漠”(杨艳生，1999；徐明岗等，2001；丁军等，2003)。通过广大水土保持工作者的科学研究与综合治理，南方水土流失治理初见成效，但整体治理、局部恶化的态势仍未彻底扭转。闽北山区是我国典型的南方丘陵区，也是我国竹林主要分布区，这里的山坡度大，均在 30°左右，由于降水量和降水强度大且集中，水土流失相当严重。因此，如何利用本区丰富的竹资源不仅实现经济的快速增长，而且实现对本区水土流失的有效治理，是目前亟待解决的重大科学问题。

在众多竹资源中，毛竹是我国分布最广、栽培和利用历史最悠久、经济价值最高的竹种，面积达 467. 78 万公顷，占全国竹林总面积的 2/3 以上，对我国竹产业的发展起着举足轻重的作用(张齐生，2007)。因此，我国有关竹类的研究绝大多数都是围绕毛竹而展开。毛竹林不仅具有较高的经济和社会价值，而且具有巨大的生态价值，在固碳放氧、涵养水源、保持水土、生物多样性保护等方面发挥着重要的作用(江泽慧，2002)。虽然国内外有毛竹林生态功能研究的零星报道，但前人研究中存在一些缺陷和不足，尤其缺乏毛竹林土壤抗侵蚀性机理和主要生态功能的定量研究报道。因此，在水土流失严重、竹资源丰富的闽北山地开展不同类型毛竹林群落结构、土壤性质、水源涵养、土壤抗侵蚀性等主要生态功能的研究对竹林培育、经营和水土流失防治具有深刻的理论和实践意义。

毛竹是我国分布最广、面积最大、经济价值最高的竹种。毛竹林不仅具有较高的经济和社会价值，而且在涵养水源、保持水土等方面具有重要的生态功能。闽北山区是我国毛竹分布和种植的主要地区，也是南方典型的丘陵区。由于降雨量及强度大且集中，水土流失相当严重。分析我国竹类研究资料发现，我国有关毛竹林生态功能研究的不多，尤其未见系统研究毛竹林土壤抗侵蚀性机理的研究。因此，本报告以闽北常绿阔叶林(CK_K)和南方速生丰产的杉木林(CK_S)为对照，以闽北山区主要毛竹林类型——毛竹纯林(T_{ZC})、竹阔混交比为 8∶2 和 6∶4 的 8 竹 2 阔林(T_{ZK1})、

6 竹 4 阔林（T_{ZK2}）和杉竹混交林（T_{ZS}）为研究对象，分析评价 6 种林分结构特征及主要生态功能——群落结构、生物多样性、土壤性质状况、水源涵养和土壤抗侵蚀性，旨在揭示毛竹林土壤抗侵蚀性机理，比较不同毛竹林主要生态功能大小，为南方丘陵区发展毛竹种植及竹林可持续经营、水土流失综合治理提供理论依据和技术指导，同时为竹林生态功能野外观测积累经验。

第二章 评估思路、方法与流程

第一节 评估思路与目标

以闽北常绿阔叶林(CK_K)和南方速生丰产的杉木林(CK_S)为对照，以闽北山区主要毛竹林类型——毛竹纯林(T_{ZC})、8竹2阔林(T_{ZK1})、6竹4阔林(T_{ZK2})和杉竹混交林(T_{ZS})为研究对象，分析评价6种林分结构特征及主要生态功能——群落结构、生物多样性、土壤性质状况、水源涵养和土壤抗侵蚀性，旨在比较不同毛竹林生态功能差异，揭示毛竹林土壤抗侵蚀性机理，为南方丘陵区毛竹林培育、水土流失治理和竹林可持续经营提供理论依据和技术指导。同时，为竹林生态功能野外观测积累经验。

第二节 评估技术路线

评估技术路线见图2-1。

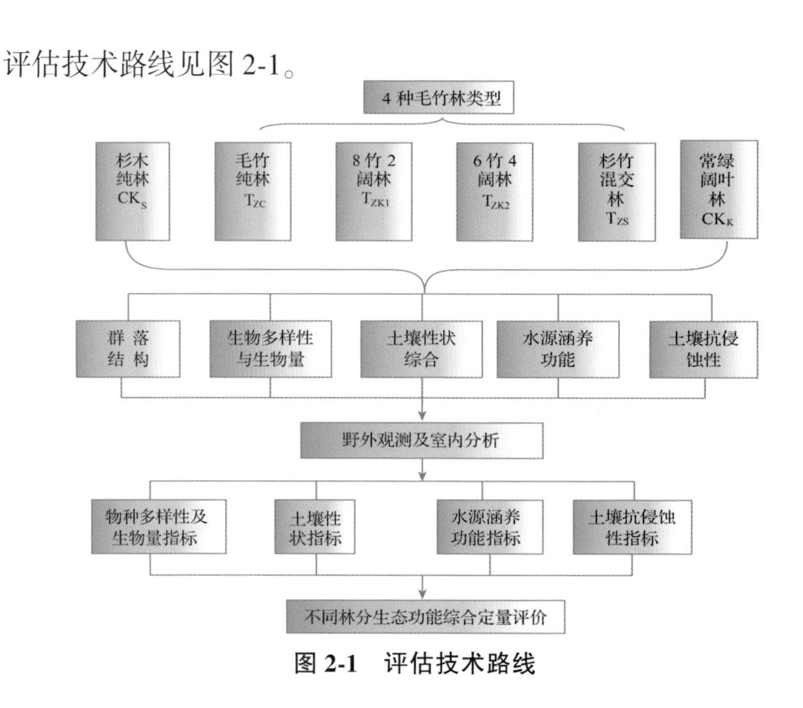

图2-1 评估技术路线

第三节 评估方法

一、不同类型毛竹林群落结构及生物多样性调查与测定

（一）群落调查

植物群落调查采用常用的样方法进行，对于直径大于4厘米的乔木在林分调查时进行，记录各样地内胸径大于4厘米所有乔木的树种名称、树高、胸径、冠幅等指标；灌木层调查采用在每个标准地的对角线上设置5米×5米的样方6个进行调查，记录其名称、数量、高度、盖度等指标；而草本层调查则采用在各标准地内典型地段上布设1米×1米的小样方10个，记录每个小样方中草本植物的种类、株数、盖度、高度、生活型等指标。

（二）乔木层胸径、树高分布结构拟合

研究林分胸径、树高分布的方法很多，早期采用图解法或简单的数学方程式来描述树高、胸径分布，近年来大多借助计算机利用数理统计软件的各种概率密度函数来描述林分胸径、树高的分布规律。本报告选用正态分布、对数正态分布、τ 分布、β 分布和 Weibull 分布拟合试验林分乔木层胸径、树高分布特征（张建国和段爱国，2004；吴承祯和洪伟，2000）。

1. 正态分布

正态分布的概率密度函数：

$$f(X)=\frac{1}{\sqrt{2\pi\delta_X}}\exp\left[-\frac{(X-\bar{X})^2}{2\delta_X^2}\right] \tag{2-1}$$

式中：X——胸径、树高实测值；

$\bar{X}$——胸径、树高算术平均数；

δ_X——胸径、树高的标准差。

2. 对数正态分布

对数正态分布的概率密度函数：

$$f(X)=\begin{cases}\frac{1}{\sqrt{2\pi}X\delta_X}\exp\left[-\frac{(\ln X-\bar{X})^2}{2\delta_X^2}\right] & X>0\\ 0 & X\leqslant 0\end{cases} \tag{2-2}$$

对数正态分布为偏态概率分布，有些林分胸径、树高分布为此形。

3. τ 分布

τ 分布的概率密度函数：

$$f(X)=\begin{cases}\dfrac{1}{\beta^{\alpha}\Gamma(\alpha)}X^{\alpha-1}\exp\left(-\dfrac{X}{\beta}\right) & X>0,\quad \alpha,\ \beta>0\\ 0 & X\leqslant 0\end{cases} \tag{2-3}$$

求解参数可用矩阵法：

$$\alpha=\left(\frac{\bar{X}}{\delta_X}\right)^2,\quad \beta=\frac{\delta_X^2}{\bar{X}} \tag{2-4}$$

4. β 分布

β 分布的概率密度函数：

令 $d=(X-X_{\min})/(X_{\max}-X_{\min})$，$X_{\max}>X>X_{\min}$，则：

$$f(x)=\begin{cases}\dfrac{\Gamma(\alpha+\beta)}{\Gamma(\alpha)\Gamma(\beta)(X_{\max}-X_{\min})}d^{\alpha-1}(1-d)^{\beta-1} & \alpha,\ \beta>1\\ 0 & d\geqslant 1 \text{ 或 } d\leqslant 0\end{cases} \tag{2-5}$$

式中：$X_{\max}$——径级和树高的上限；

$X_{\min}$——径级和树高的下限。

β 分布参数可用矩阵法求解：

$$a=m_1(m_1-m_2)/(m_2-m_1^2)\quad \beta=(1-m_1)\alpha/m_1 \tag{2-6}$$

式中：

$$m_1=\frac{1}{n}\sum_{i=1}^{n}d_i,\ m_2=\frac{1}{n}\sum_{i=1}^{n}d_i^2,\ d_i=\frac{X_i-X_{\min}}{X_{\max}-X_{\min}} \tag{2-7}$$

β 分布具有较大的灵活性，可拟合同龄林和异龄林的胸径、树高分布，且拟合适应性较高。

5. Weibull 分布

Weibull 分布的概率密度函数：

$$f(X)=\begin{cases}0 & X\leqslant a\\ \dfrac{c}{b}\left(\dfrac{X-a}{b}\right)^{c-1}e^{-\left(\frac{X-a}{b}\right)^c} & X>a,\ b>0,\ c>0\end{cases} \tag{2-8}$$

式中：$b>0$——尺度参数；

$c>0$——形状参数；

a——位置参数。

由于种群密度最小可理解为 0，故参数 a 可取介于 0~1 的任一值，尺度参数只是一个整体尺度数，只有 c 才是 Weibull 分布中最具有实质意义的参数。当 $c<1$，物种多度分布呈“J”形，当 $c<3.6$ 呈正偏山状分布，$c=3.6$ 近似正态分布，$c>3.6$ 转向负偏山状分布(吴承祯和洪伟，2000)。

(三)乔木层年龄分布特征

年龄分布在生态学是指年龄结构，林木的年龄结构是指林木株数按年龄分配的状况，它是林木更新过程长短和更新速度快慢的反映，对林分乔木层年龄结构的分析不仅有益于掌握林分的发展状况，还有利于制定适应的营林措施。目前，用数学函数拟合林分年龄分布，应用的函数主要有 Weibull 分布(沈国舫，1998)和 β 分布(孙冰和杨国亭，1994)。基于此，本报告用 Weibull 分布和 β 分布对 4 种毛竹林中的毛竹和杉竹混交林整体、杉木纯林乔木层年龄分布进行拟合，拟合的概率密度函数与式(2-8)中相应的一致。

(四)物种多样性指数的计算

物种多样性指群落中物种的数目和每一物种的个体数目。自 MacArther(1961)的论文发表后，讨论生物多样性的文章很多，但因个人研究对象和目的不同，提出多样性的定义和测定指标也不同。通常物种多样性具有以下三层含义：①种的丰富度或多度；②种的均匀度或平衡性；③种的总多样性或优势度多样性。在对一个群落或一个区域物种多样性进行研究时，一般从以上三个概念出发，综合分析比较物种的多样性及其影响因素。本报告选用以下指标来测定不同竹林的物种多样性。

(1)物种数 S。

(2)Margalef 丰富度指数：

$$R=\frac{S-1}{\ln N} \tag{2-9}$$

(3)Simpson 指数：

$$D=1-\sum_{i=1}^{s}\frac{n_i(n_i-1)}{N(N-1)} \tag{2-10}$$

(4)Shannon-Wiener 多样性指数：

$$H'=-\sum_{i=1}^{s}P_i\ln P_i \tag{2-11}$$

（5）Pielou 均匀度指数：

$$E = \frac{H'}{\ln S} \tag{2-12}$$

（6）生态优势度：

$$\lambda = \sum_{i=1}^{s} \frac{n_i(n_i - 1)}{N(N - 1)} \tag{2-13}$$

（7）均优多度指数：

$$Z = (E - \lambda) \times S \tag{2-14}$$

上式中：P_i——种的相对重要值；

n_i——种 i 的重要值；

N——种 i 所在层的重要值之和

S——种 i 所在层的物种数。

$$\text{重要值 IV} = \frac{\text{相对多度}+\text{相对频度}+\text{相对优势度}}{3} \tag{2-15}$$

式中：相对多度（%）——100 × 某个种的株数/所有种的株数；

相对频度（%）——100 × 某个种出现的次数/所有种出现总次数；

相优势度（%）——100 × 某个种的优势度/所有种的优势度之和（乔木个体的优势度为林木的胸高断面积，灌木和草本植物的优势度为覆盖度）。

二、不同类型毛竹林土壤指标测定

（一）土壤样品采集

在林木生长旺季时，在各标准样地内沿对角线"S"形布点 3 个，先挖土壤剖面，再用环刀分层（0～20 厘米、20～40 厘米和 40～60 厘米）取样，以测土壤容重、孔隙度、水分系数和土壤渗透性能等指标，之后用塑料袋从下至上分层 3 层取各样地 0～60 厘米的土样，将相同林分类型相同层次的土壤组成混合样品，最后用四分法将混合土壤选出 1 千克的土样以供测试土壤大颗粒组成、机械组成、微团聚体组成及土壤养分含量等指标；土壤酶活性和生物指标测定的土样采集时间为 2007 年 9 月 24～28 日，除采样容器为无菌袋外，采集方法与土壤理化分析的土样采集相同，所采集的新鲜土样置于 4℃冰箱中保存。

(二)土壤物理性质指标测定

环刀法测定土壤容重、最大持水量、毛管持水量、非毛管持水量、总孔隙度、毛管孔隙度、非毛管孔隙度。

(三)土壤化学性质的测定

土壤 pH 值：电位法；有机质：消煮炉加热 $K_2Cr_2O_7$ 容量法；全 N 和水解性 N：碱解扩散法；全 P：酸溶—钼锑抗比色法；速效 P：0.5 摩尔/升 $NaHCO_3$ 浸提—原子吸收光谱法；全 K：NaOH 融熔—原子吸收光谱法；速效 K：中性 NH_4OAc 浸提—原子吸收光谱法；交换性 Ca、Mg：中性 NH_4OAc 交换—原子吸收光谱法。

(四)土壤酶活性测定

脲酶活性用脲素在柠檬酸缓冲液(pH = 6.7)水解生成的方法测定(G. Hoffmann 和 K. Teicher 法，1961 年)；蔗糖酶活性用蔗糖在柠檬酸-P 缓冲溶液(pH=5.5)中水解生成葡萄糖量测定。(Hoffmann 和 Seegerer 法，1951 年)；酸性磷酸酶活性用在醋酸缓冲溶液(pH=5.0)苯磷酸二钠水解后释放出的酚量来测知土壤酸性磷酸酶的活性；蛋白酶活性用白明胶在磷酸盐缓冲液(pH=7.4)中水解生成甘氨酸，测定生成氨基酸的量反应土壤蛋白酶活性(ГАдсгян 和 Арутюнян 法，1968 年)；过氧化氢酶活性测定注入土壤的过氧化氢在反应后的剩余量来测知土壤过氧化氢酶的活性(Johnson 与 Temple 法，1964 年)；多酚氧化酶测定邻苯三酚在多酚氧化酶的作用下生成的红紫棓精的量。

(五)土壤微生物数量

细菌、真菌、放线菌数量均采用稀释平板法测定，其中细菌用牛肉膏蛋白胨培养基，真菌用马丁氏培养基，放线菌用改良高氏 1 号培养基。

三、不同类型毛竹林水源涵养功能测定

(一)林冠截留测定方法

乔木林冠截留量采用雨量筒收集法，在各标准地内随即放置 10 个雨量筒，收集穿透雨，同时作为对照，在林外空旷地安放 5 个雨量筒。每次降雨后，同时测算降雨量。根据固定标准地的每木/竹检尺结果(平均树高，平均胸径)，选择 6 株胸径接近平均木的立竹/立木进行树干径流的测

定。将橡皮管剖开后按"蛇"形缠绕一周半，用大图钉固定在树干上，下接雨量桶测量径流，橡皮管与树皮接触的地方用石蜡密封。分东西一南北测定树冠面积，求算树冠平均面积。树冠外雨量减去树下雨量和沿树干下流雨量即为树冠截留降雨量，具体按下式计算：

$$林冠截流=(H_1+H_2+\cdots+H_n)/n-(h_1+h_2+\cdots+h_n)/n-10^{-3}\times(q_1+q_2+\cdots+q_n)/(W_1+W_2+\cdots+W_n) \tag{2-16}$$

式中：H_1，H_2，…，H_n——林冠上降雨量(毫米)；

h_1，h_2，…，h_n——林冠下各雨量筒测得的降雨量(毫米)；

W_1，W_2，…，W_n——林冠投影面积(平方米)；

q_1，q_2，…，q_n——树干径流(立方米)。

(二)枯落物水文效应

1. 枯落物蓄积量的测定

在各标准地对角线上，选定 4 个 100 厘米 ×100 厘米的样方，将取得的枯落物按照未分解层、半分解层和已分解层分别收集带回，每种林分不同枯落物带回约 3.0 千克分层称重、风干、烘干，以干物质重计算蓄积量。

2. 枯落物持水量和吸水速率的测定

将装有 500 克左右枯落物的尼龙网兜浸入盛有清水的容器中，每隔 0.25 小时，0.25 小时，0.5 小时，0.5 小时，1 小时，1 小时，2 小时，2 小时，2 小时，2 小时，8.5 小时和 4 小时将枯落物连同网兜一并取出，静置 10 分钟左右，直至枯落物不滴水为止，迅速测定枯落物连网兜的湿重，最后取出枯落物，洗净尼龙网兜并称其湿重。每隔一定时间从浸泡容器中取出称重所得的枯落物湿重与其烘干重和网兜湿重的差值，即为枯落物浸泡不同时间的持水量，该差值与浸泡时间的比值为枯落物的吸水速率，之后根据枯落物储量和枯落物持水特性估算出林地单位面积枯落物的贮水量(毫米)。

3. 枯落物有效拦蓄量计算

通常我们采用有效拦蓄量(modified interception)来估算枯落物对降雨的实际拦蓄量，即：

$$W=(0.85R_m-R_0)\times M \tag{2-17}$$

式中：W——有效拦蓄量(吨/公顷)；

R_m——最大持水率(%)；

R_0——平均自然含水率(%)；

M——枯落物蓄积量(吨/公顷)。

(三)林地土壤贮水

采用下式计算出土壤饱和贮水量和土壤非毛管持水量和土壤毛管持水指标，即：

$$W_t = 10000P_t h,\ W_0 = 10000P_0 h,\ W_c = 10000P_c h \tag{2-18}$$

式中：W_t——土壤饱和贮水量(吨/公顷)；

W_0——土壤非毛管持水量(吨/公顷)；

W_c——土壤毛管贮水量(吨/公顷)；

P_0——土壤非毛管孔隙度(%)；

P_c——土壤毛管孔隙度(%)；

P_t——土壤总孔隙度(%)；

h——土层厚度(米)。

四、不同类型毛竹林土壤抗侵蚀指标测定

(一)土壤颗粒组成、微团聚体分析

干筛、湿筛法测定土壤大颗粒含量；吸管法测定土壤机械组成和微团聚体含量。土壤渗透性测定采用环刀法，此后按以下公式计算土壤抗侵蚀性其他指标：

$$V = 10Q_i / ST_i \tag{2-19}$$

式中：V——渗透速度(毫米/分钟)；

Q_i——每次渗入量(毫升)；

S——环刀筒横断面积(平方厘米)；

T_i——时间间隔(分钟)。

$$K = VL(L+H) \tag{2-20}$$

$$K_{10} = K/(0.7+0.03T_i) \tag{2-21}$$

式中：K——渗透系数(毫米/分钟)；

K_{10}——10℃时的渗透系数(毫米/分钟)；

V——渗透速度(毫米/分钟)；

L——土层厚度(厘米)；

H——水层厚度（厘米）。

水稳定性团聚体含量（%）= 大于 0.25 毫米团粒含量（%）

水稳定性团粒平均重量直径（MWD）由 Van Bavel（1949）提出的，其公式可表示为：

$$MWD = \sum_{i=1}^{n} X_i W_i \tag{2-22}$$

式中：MWD——团粒平均重量直径（毫米）；

X_i——任一粒级范围内团聚体的平均直径（毫米）；

W_i——对应于 X_i 的团聚体的百分含量（以小数表示）。

团聚状况 = 大于 0.05 毫米微团聚体分析值 - 大于 0.05 毫米机械组成分析值

$$团聚度(\%) = \frac{团聚状况}{微团聚体分析中大于0.05毫米颗粒含量} \times 100 \tag{2-23}$$

$$分散率(\%) = \frac{小于0.05毫米微团聚体分析值}{小于0.05毫米机械组成分析值} \times 100 \tag{2-24}$$

$$分散系数(\%) = \frac{小于0.001毫米微团聚体分析值}{小于0.001毫米机械组成分析值} \times 100 \tag{2-25}$$

$$结构系数(\%) = 1 - 分散系数$$

$$侵蚀率(\%) = \frac{分散率}{持水当量/胶体含量} \times 100 \tag{2-26}$$

（二）土壤抗蚀性测定

通过测定土壤团聚体在静水中的分散程度，以比较土壤的抗蚀性能大小，并用水稳性指数“K”表示之。方法是将风干土进行筛分，选取直径 7~10 毫米的土粒 50 颗，均匀放在孔径为 5 毫米的金属网格上，然后置于静水中进行观测（图 2-2）。以 1 分钟为间隔，分别记录分散土粒的数量，连续观测 10 分钟。其总和即为 10 分钟内完成分散的土粒总数（包括半分散数）。由于土粒分散的时间不同，需要采用校正系数每分钟的校正系数如下：

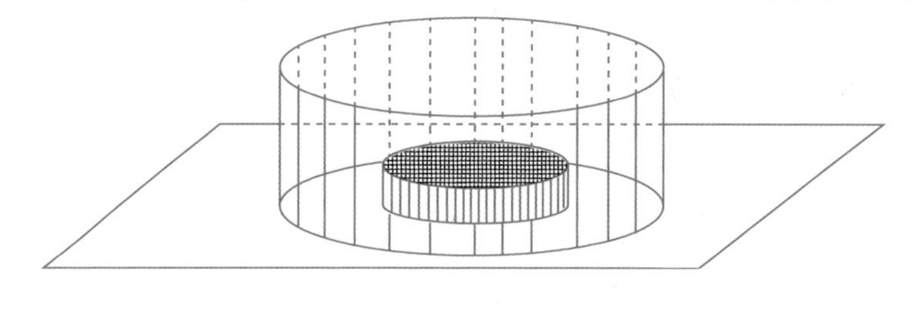

图 2-2　静水中土壤团聚体水稳性测定装置

第 1 分钟：5%；第 2 分钟：15%；第 3 分钟：25%；第 4 分钟：35%；第 5 分钟：45%；第 6 分钟：55%；第 7 分钟：65%；第 8 分钟：75%；第 9 分钟：85%；第 10 分钟：95%；在第 10 分钟没有散开的土粒其水稳性系数为 100%。

按下式计算水稳性指数：

$$K = (\sum P_i K_i + P_j) / A \tag{2-27}$$

式中：K——水稳性指数；

i——1，2，3，4，…，10；

P_j——10 分钟内没有分散的土粒数；

P_i——第 i 分钟的分散土粒数；

K_i——第 i 分钟的校正系数；

A——试验的土粒总数粒（50 粒）。

有机质含量较高的土壤，其水稳性指数较高，抗蚀性较强，反之则小。

（三）土壤抗冲性测定及指标选择

土壤抗冲性试验采用改进的原状土冲刷水槽法，水槽长 1.80 米，宽 0.11 米，取样器尺寸 10 厘米 × 20 厘米 × 10 厘米，原状土取回后，在水中浸泡 24 小时左右。本次试验选择坡度 30°进行测试，通过恒压水箱调整供水流量，设计水平 2 升/分钟，在水流稳定后，将土壤样品装入土样室，使土样表面和槽面齐平，然后放水冲刷 10 分钟并采集径流泥沙过程样，在冲刷开始后前 4 分钟内，每 1 分钟量取 1 次冲刷水流量并取样，以后每 3 分钟量取 1 次，用水桶收集试验产生的全部水流，充分搅动后取样、烘干、称重。

试验测定指标主要有冲刷水流量（升）、含沙量（克/升）、冲失干土重 *WLDS*（克）；土壤抗冲能力用冲失 1 克土所需时间，即抗冲指数可通过 $ANS = T/WLDS$ 来计算。其中，*ANS* 为单位流量土壤抗冲指数（分钟/克）；T 为冲刷历时（分钟）；*WLDS* 为冲失干土重（克）。

（四）土壤根系调查

根密度调查采用挖掘剖面壁法。在选取的标准地内，挖掘深度为 1 米的土壤剖面。再沿土壤剖面挖取长 100 厘米、宽 100 厘米 、深 60 厘米的土柱 5 个，按 20 厘米一个剖面层次。每个土柱可分为 3 层，将每层次内根系用清水洗掉泥沙。按根径≤0.5 毫米、0.5~1 毫米、1~2 毫米、2~5 毫米和>5 毫米 5 个径级分级后，置于 105℃ 烘箱中烘干 12 小时，用精度为 0.01 克的电子天平称重，以每 1000 立方厘米土柱中根系的干重(克)表征根量(*TRW*)的多少。

五、不同类型毛竹林生产力测定

(一)乔木层生长及生物量分析

在标准地(20 米 × 20 米)内，2007 年 3 月先对各标准地进行每木(竹)检尺，2007 年 4~5 月对标准地内毛竹发笋数、退笋数进行调查，2008 年 3 月再对各标准地进行每木(竹)检尺，阔叶树测定其胸径、树高、枝下高、冠幅，对竹林测定其眉径、树高等竹林生长指标。

乔木层生物量测定：毛竹生物量采用平均标准竹法，选取各林分各年龄的平均标准竹砍倒、挖出其根系，称取其各器官鲜重，带回一定质量的器官样品烘干称重以测其生物量干重，之后再建立回归模型进行估算。常绿阔叶林生物量各器官生物量采用冯宗炜等(1999)出版的《中国森林生态系统的生物量和生产力》中提供的落叶伴生乔木各器官生物量与胸径的回归模型计算而来，而杉木各器官生物量采用南京林学院叶镜中等在洋口林场研究的生物量模型计算而来。

(二)灌木层、草本层生物量

灌木层和草本层生物量采用常用的收割法进行，在各标准地内沿对角线“S”形布设 5 个 1 米 × 1 米的小样方，收割各样方内所有的灌木和草本，称其鲜重，并带回 1 千克左右灌木、草本样品测其含水量，以测其干重。根系生物量采用样方法挖取、洗净、烘干称重推算而来。

六、毛竹胸径异速生长模型构建

1. 样地调查

2014 年 7~8 月于福建省分别选取调查经营水平和立地条件相似的毛竹纯林样地 60 块；于 2015 年 9 月选取经营水平和立地条件相似的毛竹纯林样地 149 块。样地面积大小均为 100 平方米(10 米 × 10 米)，2015 年选取的样地两两距离都不小于 1 公里。记录样地经纬度、海拔数据和样地的各项立地因子，如坡度、坡向等，并对各样地内所有毛竹和胸径≥5 厘米的林木进行每竹检尺，测量胸径、树高等因子；于2014年7~8月设立的60块样地中每2个样地内随机选择一个2.5米×2.5米的小样方，共30个；采用收获法测量毛竹生物量，将小样方内所有毛竹砍倒，分秆、枝、叶、蔸、蔸根、鞭、鞭根器官称取其鲜重，并分别采集样品带回实验室测得含水率，以计算毛竹生物量。共计砍伐103株毛竹，获得毛竹生物量数据103组。

2. 异速生长模型构建

植物体的某一器官与另一器官，或某一属性与植物体个体大小具有相关生长关系，这种关系被称为异速生长关系(Allometry)，其表达式一般为幂指数或对数方程(Enquist & Niklas，2001；程栋梁，2007)：

$$y = ax^b$$

$$\lg y = \lg a + b\lg x$$

式中：y——植物体的某一器官或某一属性(如材积或蓄积量，立方米)；

x——某一器官或植物体个体大小(如胸径，米)；

a和b——系数。

许多研究表明，以胸径为变量建立的林木异速生长模型要优于其他变量如树高或胸径—树高等(Ter-Mikaelian & Korzukhin，1997；代海军等，2013)，基于易于获得的胸径因子建立胸径—单株生物量估算模型将是林分尺度上生物量估算的有力手段(Gao et al.，2015)。

在森林生物量和碳储量调查中，一般流程为先选取标准地，再选择标准木并砍伐，记录各项标准木指标，以大量实测的标准木胸径、树高等易于测量的参数与标准木生物量之间建立回归关系，计算标准地其他林木的单株生物量，再累加单株生物量得到样地总生物量(冯宗炜等，1999)，再转化为碳储量。因此，我们利用103棵实测毛竹的胸径与其地上部分干生物量拟合生物量与胸径之间的关系，选用线性函数、对数函数、幂函数等5个函数模型作为异速生长关系的备用模型，并进行多模型的拟合选优，选优原则为决定系数R方和残差平方和RSS。根据上述原则选取幂函数建立了立竹水平毛竹地上部分生物量(W，千克)与胸径(D，厘米)之间的异速生长关系模型($W = 0.71D^{1.48}$，$R^2 = 0.59$，$n = 103$，$P < 0.01$)，模型经过验证，结果较好(图2-3)。基于胸径—地上生物量异速生长关系中计算出所有样方的总生物量及地上生物量密度，以拟合毛竹林叶面积指数与地上生物量密度之间的关系。

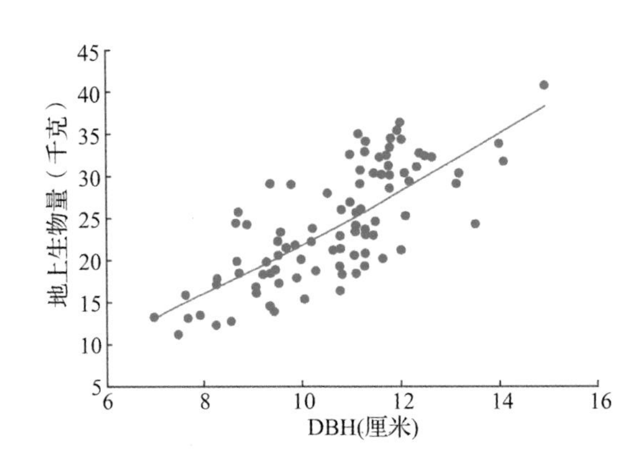

图 2-3　福建省毛竹林地上生物量与胸径之间的关系

七、叶面积指数-生物量密度异速生长模型

林木的水分蒸发与蒸腾、光合作用等都与林木叶器官有关，在森林生态系统中，森林冠层结构影响着林木对光能的利用和干物质积累，与森林生物量、碳储量密切相关。叶面积指数(Leaf Area Index，LAI)是表征植被冠层结构的重要参数之一，在评价森林生产力和估算森林生物量和碳储量上起着重要的作用(Myneni et al.，2002)。英国生态学家 Watson 于 20 世纪 40 年代中期提出叶面积指数的概念，将其定义为植被叶的单面表面积与土地表面积的比率。LAI 可以反映林分水平上的叶生长与叶片密度变化，是定量分析林木生长的一个重要指标，在 20 世纪 80 年代 LAI 开始应用到林木生长的相关研究中，如今，LAI 在森林生物量估算上也有着广泛的应用(王秀珍等，2003)。

测算叶面积指数的方法可简单划分为直接测量法和间接测量法。直接测量法有标准枝法、描形称重法、落叶收集法、格点法等；间接测量法有模型法、光学仪器法以及遥感法等。

1. 直接测量法

直接测算一般得到的都是单面叶面积指数(OLAI)，由叶片总面积(单面叶面积)除以地面面积得出。白静(2008)研究了 30 年生油松人工林不同林分密度下叶面积指数的差异，并指出相同林分密度的分布在阳坡的油松人工林的叶面积指数大于阴坡，且林分密度越大两者相差越大；郭志华(2010)等连续观测了 3 年长白山和北京地区的落叶阔叶林，发现在落叶阔叶林中，LAI 的分布十分没有明显的规律，不同大小的样地大小和取样单元对 LAI 的分布没有影响。因此，为提高 LAI 的测算精度，选择标准地时需要在地势平坦的地区，并且样地要尽可能大，此规律在竹林上是否适用还有待验证。

利用直接测量法所测得的叶面积指数较为精确，但一般需要收集一定面积内林木的所有叶片，对林木伤害较大，且工作量大，由于测量结果不能在时间上和空间上呈现连续性，不适用于大尺度的 LAI 研究，一般用于检验和校正间接测量结果。

2. 遥感法

随着遥感技术的发展，LAI 研究的尺度开始从林分水平上升到区域水平乃至更大的水平（方秀琴和张万昌，2003）。从遥感数据中提取出植被指数如归一化植被指数（Normalized Difference Vegetation Index，NDVI）、增强型植被指数（Enhanced Vegetation Index，EVI）、比值植被指数（Ratio Vegetation Index，RVI）、差值植被指数（Difference Vegetation Index，DVI）等，再与 LAI 建立相关模型，以估算大尺度 LAI 是当前相关研究中的常用方法。Soudani（2006）等使用 IKONOS、SPOT 和 ETM+三种遥感数据提取出 NDVI、EVI、ARVI、SR 和 SAVI 五种植被指数，并拟合了 LAI 与五种植被指数的关系；Shabanov（2005）等采用 MODIS 数据反演估算了阔叶林的 LAI；Liu（2007）等采用 MODIS 数据估算了中国叶面积指数的分布情况，同时揭示了叶面积指数在碳循环研究中的作用。

由于地表异质性的存在，以遥感法估算的大尺度 LAI 数据仍有较大的误差，将不同分辨率的遥感数据结合可以减小误差，提高大尺度 LAI 遥感反演精度。另外，不同地区的所应用的 LAI 估算模型差异较大，没有统一的标准，无法应用于同一地区多种植被类型的 LAI 估算。

3. 光学仪器法

常用的光学测量仪器有 LAI-2000、TRAC 植物冠层分析仪（Tracing Radiation and Architecture of Canopies）、HemiView 冠层分析仪等，光学仪器的工作原理是以太阳辐射透过率、冠层间隙率、冠层空隙大小及分布等参数来计算叶面积指数。目前，利用光学仪器测量森林 LAI 的研究已有许多报道。朱高龙（2010）等在哈尔滨帽儿山林场以 LAI-2000 和 TRAC 两种光学仪器观测的叶面积指数和叶片聚集系数估算森林 LAI，并将 LAI 与从 Landsat5-TM 遥感影像数据中提取出的植被指数之间建立回归关系，构建森林 LAI 遥感估算模型，同时指出研究区森林 LAI 与地上生物量存在显著的正相关关系。许多研究表明(赵晓，2014；朱旭珍，2014)，使用光学仪器测量叶面积指数简单便捷，但由于森林冠层中叶片的集聚效应，所测得的 LAI 一般为 LAIe，较真实 LAI 小。

我们在光照条件适宜的情况下(太阳光不强烈如阴天、日出前和日落后)，用 360°鱼眼镜头和高清晰度数码相机(HemiView，英国 DELTA-T 公司)在每块样地中沿对角线等距拍摄毛竹林冠层，每个样地至少拍摄 5 次，每次拍摄重复 3 次，以减小误差。在室内使用 HemiView 2. 1 SR4 软件分析照片，计算各样地的叶面积指数，建立林分水平毛竹林叶面积(LAI)与地上部分生物量密度(*BD*，吨/公顷)的估算模型($BD = 2.83\text{LAI}^{1.73}$，$R^2 = 0.53$，$n = 57$，$P < 0.01$)(图 2-4)。

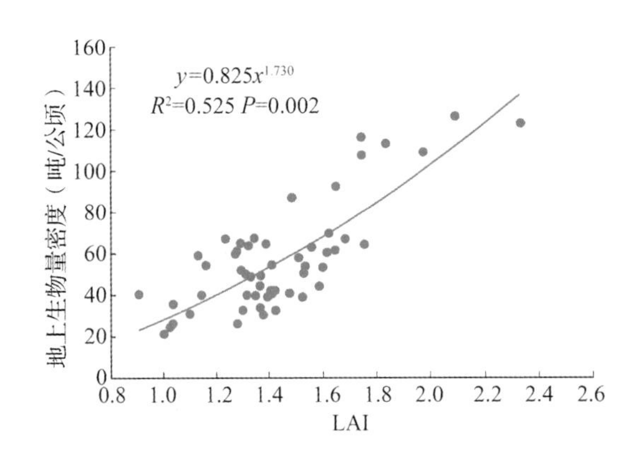

图 2-4　福建省毛竹林地上生物量密度与 LAI 之间的关系

第三章　评估结果

第一节　群落结构特征

林分结构(群落结构)是森林经营和分析中的一个重要因子，是对林分发展过程如更新方式、竞争、自稀疏和经历的干扰活动的综合反映(雷相东和唐守正，2002)。掌握林分结构规律对于在林分生长过程中调控合理的林分结构，使各林木个体充分利用营养空间，实现各个体的正常生长发育，最终达到速生丰产的持续经营目标意义重大(吴承祯和洪伟，2000)。

林分结构内容广泛，包括胸径、树高、树形、树冠、材积和年龄。不同林分都有各自特定的结构规律。根据毛竹林自身特点，在此仅介绍不同毛竹林区系组成、乔木层年龄和胸径的结构规律。

一、植物区系组成

野外调查得出闽北不同典型竹林、杉木林和常绿阔叶林群落不同层次维管植物科、属、种分布情况，结果见表 3-1、图 3-1 和图 3-2。6 种群落的植物隶属 86 科 166 属 231 种，其中蕨类植物 13 科 21 属 30 种，裸子植物 2 科 2 属 2 种，被子植物 71 科 143 属 199 种(其中双子叶植物 63 科 125 属 179 种，单子叶植物 8 科 18 属 20 种)。

不同群落之间植物科、属、种组成存在较大差异(图 3-1)，常绿阔叶林、毛竹林、8 竹 2 阔林和 6 竹 4 阔林的植物区系较广泛，分别隶属 73 科 109 属 129 种、55 科 90 属 118 种、76 科 128 属 156 种和 68 科 120 属 148 种，而杉竹混交林和杉木林植物则分别分布于 38 科 54 属 60 种和 42 科 57 属 64 种。不同群落科、属、种组成主要应与林分组成、劈灌及竹林挖笋、砍伐利用等紧密相关。

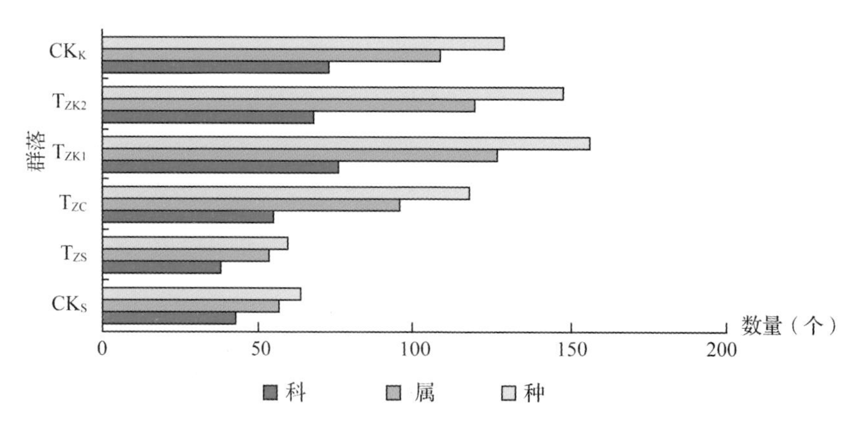

图 3-1　不同群落植物科、属、种特征

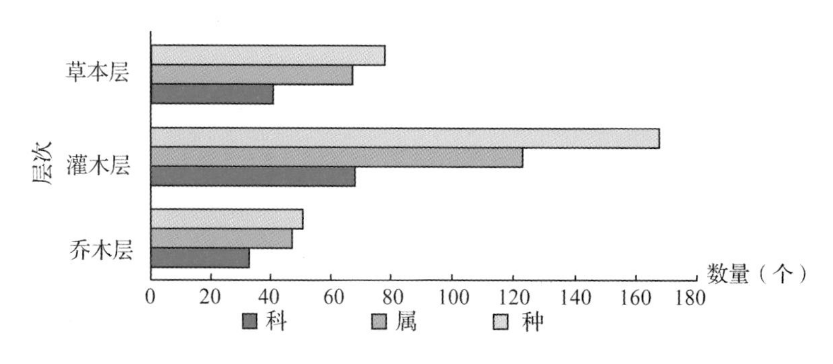

图 3-2　不同层次植物种类科、属、种组成

不仅如此，群落不同层次上植物种类也存在较大差异(图 3-2)，总体上草本层和乔木层植物种类最少，分别为 33 科 47 属 51 种和 40 科 67 属 78 种，灌木层是群落中植物(含层外植物)种类最多的层次，其植物隶属于 68 科 123 属 167 种，表明虽然人为干扰较大，但林下植被总体上保存的较好。产生此结果应与竹林劈灌、毛竹砍伐利用等相关。

二、科属大小分析

根据所含物种数的多少将科大小分四级(岑庆雅和暨淑仪，1999；董琼等，2006)：单种科(1 种)、寡种科(2~4 种)、中等科(5~10 种)和较大科(11 种以上)，具体结果见表 3-2。

由表 3-2 可得，虽然单种科和寡种科分别占总科数的 48.84%和 32%~56%，但它们仅分别占属数的 25.30%和 31.93%，分别占种数的 18.18%和 31.17%，而中等科(含 5~10 种)只有 15 科，只占科数的 17.44%，但却占属数、种属的 36.14%和 45.02 %，较大科(11 种以上)虽只占科数

表 3-1　植被群落维管植物科、属、种组成

序号	分类群/科名	属：种	序号	分类群/科名	属：种
I	蕨类植物		31	山茶科(Theaceae)	3：3
1	乌毛蕨科(Blechnaceae)	2：3	32	桑科(Moraceae)	1：6
2	铁线蕨科(Adiantaceae)	1：2	33	三白草科(Saururaceae)	1：1
3	肾蕨科(Nephrolepidaceae)	1：1	34	忍冬科(Caprifoliaceae)	2：3
4	鳞始蕨科(Lindsaeaceae)	2：2	35	清风藤科(Sabiaceae)	1：1
5	鳞毛蕨科(Dryopteridaceae)	2：6	36	蔷薇科(Rosaceae)	6：9
6	莲座蕨科(Angiopteridaceae)	1：1	37	茜草科(Rubiaceae)	11：13
7	里白科(Gleicheniaceae)	2：2	38	荨麻科(Urticaceae)	2：2
8	卷柏科(Selaginellaceae)	1：1	39	葡萄科(Vitaceae)	3：7
9	金星蕨科(Thelypteridaceae)	3：4	40	木犀科(Oleaceae)	1：1
10	海金沙科(Lygodiaceae)	1：1	41	木兰科(Magnoliaceae)	4：6
11	凤尾蕨科(Pteridaceae)	2：4	42	猕猴桃科(Actinidiaceae)	1：4
12	蹄盖蕨科(Athyriaceae)	2：2	43	菊科(Compositae)	7：8
13	石松科(Lycopodiaceae)	1：1	44	金粟兰科(Chloranthaceae)	1：1
II	裸子植物		45	金缕梅科(Hamamelidaceae)	2：4
14	杉科(Taxodiaceae)	1：1	46	交让木科(Daphniphyllaceae)	1：1
15	买麻藤科(Gnetaceae)	1：1	47	夹竹桃科(Apocynaceae)	1：1
III	被子植物		48	虎耳草科(Saxifragaceae)	2：2
i	双子叶植物		49	杜鹃花科(Ericaceae)	2：3
16	紫金牛科(Myrsinaceae)	4：5	50	酢浆草科(Oxalidaceae)	1：1
17	樟科(Lauraceae)	4：9	51	茶科(Thcaceae)	1：1
18	芸香科(Rutaceae)	2：2	52	金粟兰科(Chloranthaceae)	1：1
29	越桔科(Vaccinicaeae)	1：1	53	壳斗科(Fagaceae)	5：8
20	远志科(Polygalaceae)	1：2	54	胡颓子科(Elaeagnaceae)	1：1
21	榆科(Ulmaceae)	1：1	55	胡桃科(Juglandaceae)	1：1
22	野牡丹科(Melastomataceae)	1：2	56	防己科(Menispermaceae)	1：1
23	玄参科(Scrophlariacea)	2：2	57	桃金娘科(Myrtaceae)	1：1
24	小檗科(Berberidaceae)	1：1	58	番荔枝科(Annonaceae)	2：2
225	苋科(Amaranthaceae)	1：1	59	杜英科(Elaeocarpaceae)	2：4
26	五加科(Araliaceae)	2：2	60	豆科(Leguminoae)	6：8
27	梧桐科(Sterculiaceae)	1：1	61	冬青科(Aquifoliaceae)	1：7
28	五味子科(Schisandraceae)	1：1	62	大戟科(Euphorbiaceae)	5：6
29	柿科(Ebenaceae)	1：2	63	刺篱木科(Flacourtiaceae)	1：1
30	山矾科(Symplocaceae)	1：7	64	唇形科(Labiatae)	1：1

（续）

序号	分类群/科名	属：种	序号	分类群/科名	属：种
65	茶科(Thcaceae)	1：1	77	堇菜科(Violaceae)	1：1
66	报春花科(Primulaceae)	1：1	78	漆树科(Anacardiaceae)	2：2
67	安息香科(Styracaceae)	2：2	ii	单子叶植物	
68	马鞭草科(Verbenaceae)	3：3	79	鸭跖草科(Commelinaceae)	1：1
69	杨梅科(Myricaceae)	2：2	80	薯蓣科(Dioscoreaceae)	1：1
70	卫矛科(Celastraceae)	1：1	81	莎草科(Cyperaceae)	4：5
71	鼠李科(Rhamnaceae)	1：1	82	兰科(Orchidaceae)	1：1
72	桑科(Moraceae)	1：2	83	姜科(Zingiberaceae)	1：1
73	木通科(Lardizabalaceae)	1：1	84	禾本科(Gramineae)	7：7
74	马兜铃科(Aristolochiaceae)	1：1	85	百合科(Liliacea)	2：3
75	莲叶桐科(Hernandiaceae)	1：1	86	芭蕉科(Musaceae)	1：1
76	锦葵科(Malvaceae)	1：1			

的 1.16%，却占属数和种属的 6.63% 和 5.63%，表明这些群落优势科较明显。

根据属内种数，将属分成 4 个等级。由图 3-3 可知，含 4 种及 4 种以上的属很少，只有 5 个属，占总属数的 3.01%，具体为：含 4 种的猕猴桃属(*Actinidia*)、含 5 种的鳞毛蕨属(*Dryopteris*)、含 6 种的榕属(*Ficus*)、含 7 种的山矾属(*Symplocos*)和冬青属(*Ilex*)；含 3 种的属有凤尾蕨属(*Pteris*)、樟属(*Cinnamomum*)、润楠属(*Machilus*)、石楠属(*Photinia*)、锥属(*Castanopsis*)、杜英属(*Elaeocarpus*)和蛇葡萄属(*Ampelopsis*)，占总属数的 4.22%；含 2 种的属较多，占总属的 14.46%，有狗脊属(*Woodwardia*)、铁线蕨属(*Adiantum*)、毛蕨属(*Ficus*)、紫金牛属(*Ardisia*)、山胡椒属(*Lindera*)、石栎属(*Lithocarpus*)、艾纳香属(*Blumea*)、檵木属(*Loropetalum*)、海金沙属(*Lygodium*)、远志属(*Polygala*)、树参属(*Dendropanax*)、野牡丹属(*Melastoma*)、柿属(*Diospyros*)、荚蒾属(*Viburnum*)、棘豆属(*Oxytropis*)、黄檀属(*Dalbergia*)、野桐属(*Mallotus*)、菝葜属(*Smilax*)、悬钩子属(*Rubus*)、玉叶金花属(*Mussaenda*)、粗叶木属(*Lasianthus*)、葡萄属(*Vitis*)、木莲属(*Manglietia*)和含笑属(*Michelia*)24 属；其余的属均为单种属，占总属数的 78.31%。说明闽北典型毛竹林下维管植物以小种属为主，且物种较丰富。

表 3-2　不同群落维管植物科级别统计

级别	蕨类植物	裸子植物	被子植物		总计	占相应总数百分数(%)
			双子叶植物	单子叶植物		
单种科(1 种)	5(5/5)	2(2/2)	30(30/30)	5(5/5)	42(42/42)	48.84 (25.30/18.18)
寡种科(2~4 种)	7(14/19)		20(37/50)	1(2/3)	28(53/72)	32~56 (31.93/31.17)
中等科(5~10 种)	1(2/6)		12(47/86)	2(11/12)	15(60/104)	17.44 (36.14/45.02)
较大科(11 种以上)			1(11/13)		1(11/13)	1.16 (6.63/5.63)

注：科(属/种)。

三、属分布类型的统计与分析

参照吴征镒(1991)及中国科学院中国植物志编辑委员会《中国植物志(第一卷)》(吴征镒，2004)提供的对中国种子植物属和蕨类植物属的分布区类型的划分，将闽北典型竹林群落维管植物属的分布类型进行分析，统计结果见表 3-3、图 3-3。

表 3-3　维管植物属的分布类型

分布区类型	蕨类植物		种子植物	
	属数	占总属百分数(%)	属数	占总属百分数(%)
1. 世界分布	5	23.81	11	7.59
2. 泛热带分布	12	57.14	36	24.83
3. 热带亚洲和热带美洲间断分布	1	4.76	8	5.52
4. 旧大陆热带分布	2	9.52	14	9.66
5. 热带亚洲及热带大洋洲分布	0	0.00	5	3.45
6. 热带亚洲及热带非洲分布	0	0.00	6	4.14
7. 热带亚洲分布	1	4.76	19	13.10
8. 北温带分布	0	0.00	19	13.10
9. 东亚和北美间断分布	0	0.00	12	8.28
10. 旧大陆温带分布	0	0.00	1	0.69

（续）

分布区类型	蕨类植物		种子植物	
	属数	占总属百分数（%）	属数	占总属百分数（%）
11.1. 温带亚洲分布	0	0.00	0	0.00
12. 地中海区、西亚至中亚分布	0	0.00	0	0.00
13. 中亚分布	0	0.00	0	0.00
14. 东亚分布	0	0.00	11	7.59
15. 中国特有分布	0	0.00	2	1.38
合计	21	100.00	145	100.00

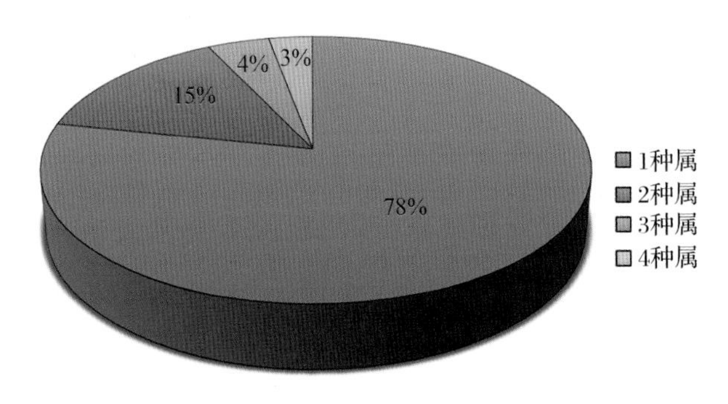

图 3-3 维管植物属级大小分布

由表 3-3、表 3-3 可知：

（1）蕨类植物区系具有 5 个分布类型。其中，世界分布的属有狗脊蕨属（*Woodwardia*）、铁线蕨属（*Adiantum*）、垂穗石松属（*Palhinhaea*）、卷柏属（*Selaginella*）和鳞毛蕨属（*Dryopteris*）5 个，占蕨类植物总属数的 23.81%；泛世界分布的属有 12 个，分别为里白属（*Hicriopteris*）、乌毛蕨属（*Blechnum*）、凤尾蕨属（*Pteris*）、栗蕨属（*Histiopteris*）、短肠蕨属（*Allantodia*）、毛蕨属（*Cyclosorus*）、金星蕨属（*Parathelypteris*）、乌蕨属（*Stenoloma*）、鳞始蕨属（*Lindsaea*）、复叶耳蕨属（*Arachniodes*）和肾蕨属（*Nephrolepis*），占蕨类总属数的 57.14%；热带亚洲和热带美洲间断分布的只有双盖蕨属（*Diplazium*）1 个，占蕨类属数的 4.76%；旧大陆热带分布的有芒萁属（*Dicranopteris*）和观音座莲属（*Angiopteris*）2 个，占总属数的 9.52%；热带亚洲分布的属只有圣蕨属（*Dictyocline*）1 属，占蕨类属数的 4.76%。

由此可见，由于闽北武夷山脉的影响，蕨类植物区系具有明显的热带成分（16 属，占蕨类植物总属数的 76.19%），同时，由于地处亚热带海洋性气候的影响，兼有温带性质，使得蕨类植物科、属结构较复杂，一些属属内变化较大。同样，由于武夷山脉的阻断作用，存在发生于古生代的卷柏属以及发生于中生代的海金沙属和热带亚洲分布的圣蕨属，反映出本区蕨类植物区系的古老性。

(2)种子植物区系没有温带亚洲、地中海区、西亚至中亚分布、中亚分布，其余13种分布类型均有，反映出本区种子植物区系地理成分虽具有复杂性和广泛性，同时还反映了本区的地貌特征。福建北、西、东面全有大山阻隔，使得本区植物区系缺少温带亚洲分布、地中海区、西亚至中亚分布和中亚分布类型。

世界分布属11个，占种子植物属数的7.59%，以草本为主，如堇菜属(*Viola*)、酢浆草属(*Oxalis*)、莎草属(*Cyperus*)、薹草属(*Carex*)、水莎草属(*Juncellus*)、千里光属(*Senecio*)、远志属(*Polygala*)、羊耳蒜属(*Liparis*)、香科科属(*Teucrium*)、珍珠菜属(*Lysimachia*)，悬钩子属(*Rubus*)为林下灌木。

泛热带分布的属有36种，占种子植物属数的24.83%，主要以林下灌木为主，如紫金牛属(*Ardisia*)、密花树属(*Rapanea*)、朴属(*Celtis*)、柿属(*Diospyros*)、山黄皮属(*Randia*)、栀子属(*Gardenia*)、紫珠属(*Callicarpa*)、大青属(*Clerodendrum*)、卫矛属(*Euonymus*)、树参属(*Dendropanax*)、杜英属(*Elaeocarpus*)、冬青科(*Ilex*)、黄檀属(*Dalbergia*)、红豆属(*Ormosia*)、榕属(*Ficus*)等20属，其余为草本和藤本植物15属，如鸭跖草属(*Commelina*)、蝴蝶草属(*Torenia*)、牛膝属(*Achyranthes*)、巴戟天属(*Morinda*)、钩藤属(*Uncaria*)、耳草属(*Hedyotis*)、下田菊属(*Adenostemma*)、安息香属(*Styrax*)、卫矛属(*Euonymus*)、买麻藤属(*Gnetum*)、马兜铃属(*Aristolochia*)、金粟兰属(*Chloranthus*)、珍珠茅属(*Scleria*)、薯蓣属(*Dioscorea*)、菝葜属(*Smilax*)。

热带亚洲和热带美洲间断分布8属，占种子植物属数的4.82%。其中乔木、灌木有楠属(*Phoebe*)、柃木属(*Eurya*)、泡花树属(*Meliosma*)、番木瓜属(*Carica*)、猴欢喜属(*Sloanea*)，林下藤本及草本有雀梅藤属(*Sageretia*)、悬铃花属(*Malvaviscus*)、百日菊属(*Zinnia*)。

旧大陆热带分布有14属，占总属数的9.66%，其中，乔木或灌木8属，分别为酸藤子属(*Embelia*)、杜茎山属(*Maesa*)、蒲桃属(*Syzygium*)、瓜馥木属(*Fissistigma*)、野桐属(*Mallotus*)、五月茶属(*Antidesma*)、芭蕉属(*Musa*)、合欢属(Albizia);草本和藤本 6 属,分别为蔹莓属(*Cayratia*)、楼梯草属(*Elatostema*)、艾纳香属(*Blumea*)、山姜属(*Alpinia*)、玉叶金花属(*Mussaenda*)和青藤属(*Illigera*)。

热带亚洲及热带大洋洲分布 5 属,占种子植物属数的 3.45%,主要为林下草本,如野牡丹属(*Melastoma*)、黑面神属(*Breynia*)、淡竹叶属(*Lophatherum*)和百部属(*Stemona*)4 属,乔木或灌木只有樟属(*Cinnamomum*)1 属。

热带亚洲及热带非洲分布 6 属,占种子植物属数的 4.14%,其中乔木/灌木 3 属,有飞龙掌血属(*Toddalia*)、豆腐柴属(*Premna*)、黄瑞木属(*Adinandra*);草本有莠竹属(*Microstegium*)、芒属(*Miscanthus*)和荩草属(*Arthraxon*)3 属。

热带亚洲分布 19 属,占种子植物属数的 13.10%,其中乔木/灌木 15 属,如润楠属(*Machilus*)、山胡椒属(*Lindera*)、柑橘属(*Citrus*)、南五味子属(*Kadsura*)、山茶属(*Camellia*)、木荷属(*Schima*)、流苏子属(*Coptosapelta*)、狗骨柴属(*Diplospora*)、含笑属(*Michelia*)、木莲属(*Manglietia*)、青冈属(*Cyclobalanopsis*)、草珊瑚属(*Sarcandra*)、交让木属(*Daphniphyllum*)、黄杞属(*Engelhardia*)和赤杨叶树(*Alniphyllum*);藤本 3 属,为葛藤(*Pueraria*)、细圆藤属(*Pericampylus*)和藤春属(*Alphonsea*);草本只有紫麻属(*Oreocnide*)1 属。

北温带分布 19 属,占种子植物属数的 13.10%,主要以乔木/灌木为主,如越橘属(*Vaccinium*)、水杨梅属(*Geum*)、蔷薇属(*Rosa*)、李属(*Prunus*)、茜草属(*Hedyotis*)、盐肤木属(*Rhus*)、葡萄属(*Vitis*)、栎属(*Quercus*)、栗属(*Castanopsis*)、胡颓子属(*Elaeagnus*)、杜鹃属(*Rhododendron*)、杨梅树(*Myrica*)、杨属(*Populus*)、荚蒾属(*Viburnum*)、忍冬属(*Lonicera*)、山梅花属(*Philadelphus*)和棘豆属(*Oxytropis*)17 属;草本只有紫苑属(*Aster*)、苦苣菜属(*Sonchus*)2 属。

东亚和北美间断分布 12 属,占种子植物属数的 8.28%,主要以乔木/灌木为主,有葱木属(*Aralia*)、石楠属(*Photinia*)、漆属(*Toxicodendron*)、蛇葡萄属(*Ampelopsis*)、木兰属(*Magnolia*)、石栎属(*Lithocarpus*)、锥属(*Castanopsis*)、枫香属(*Liquidambar*)、络石属(*Trachelospermum*)、鼠刺属

(*Itea*)和山蚂蝗属(*Desmodium*)11 属；草本只有三叶草属(*Saururus*)1 属。

旧大陆温带分布只有淫羊藿属(*Epimedium*)1 属，中国特有分布有杉木属(*Cunninghamia*)和乐东拟单性木兰属(*Parakmeria*)2 属。

东亚分布 11 属，占种子植物属数的 7.59%，以乔木、灌木为主，有泡桐属(*Paulownia*)、梧桐属(*Firmiana*)、南酸枣属(*Choerospondias*)、猕猴桃属(*Actinidia*)、檵木属(*Loropetalum*)、油桐属(*Vernicia*)、山桐子属(*Idesia*)、刚竹属(*Phyllostachys*)、大明竹属(*Pleioblastus*)和木通属(*Akebia*)10 属；草本兔儿风属(*Ainsliaea*)只有 1 属。

由此可知：本种子植物区系 12 个分布类型，热带性属(第 2~7 项)共有 88 属，占种子植物属数的 60.69%，且以泛热带分布类型(36 属，24.83%)为主，温带分布类型(第 8~15 项)46 属，占种子植物属数的 31.72%，且以北温带分布(19 属，13.10%)为主，其次为东亚和北美间断分布(12 属，8.28%)。表明本区系具有丰富的热带性质和明显的温带成分，在区系分区上处于亚热带至温带的过渡地带。

四、不同类型毛竹林不同层次植物区系分析

虽然各群落之间总体植物科属组成存在较大差异，但这种差异表现不出各群落不同层次之间的差异。对各群落乔木层、灌木层和草本层植物科属组成结果(图 3-4 至图 3-6)分析可得：

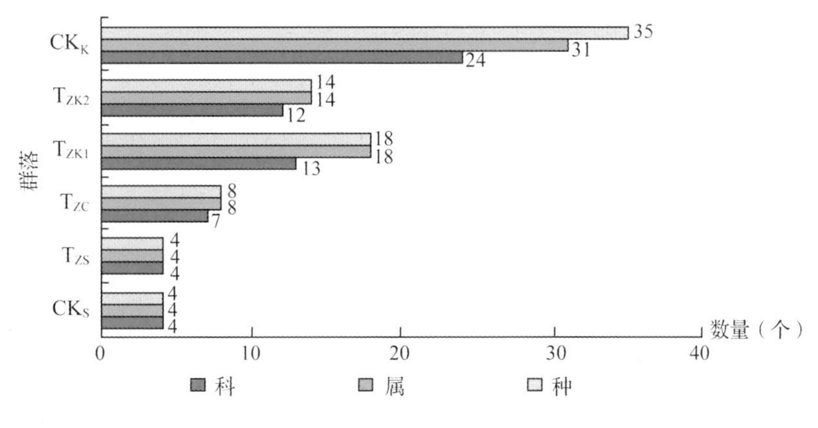

图 3-4　不同群落乔木层科、属、种组成

(1)乔木层植物区系最广泛的群落为常绿阔叶林，其植物隶属 24 科 31 属 35 种，其次为 8 竹 2 阔林和 6 竹 4 阔林，它们的植物种类分别隶属 13 科 18 属 18 种和 12 科 14 属 14 种，之后为毛竹纯林，其乔木层植物隶

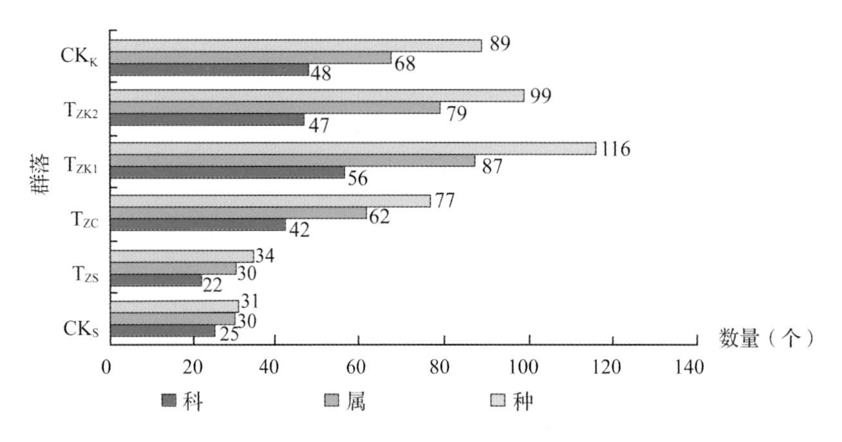

图 3-5 不同群落灌木层科、属、种组成

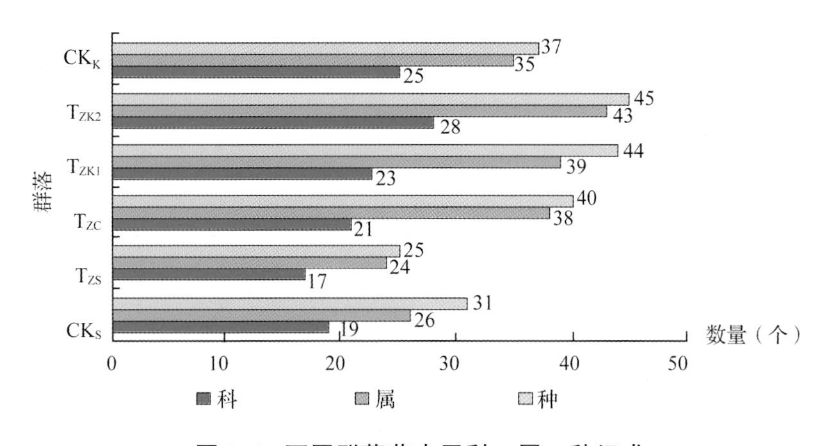

图 3-6 不同群落草本层科、属、种组成

属于 7 科 8 属 8 种，杉木林和杉竹混交林乔木层植物均仅为 4 科 4 属 4 种。

（2）各群落灌木层植物区系变化情况与乔木层有较大的差异，灌木层植物区系分布最广泛的群落为 8 竹 2 阔林，其植物隶属于 56 科 87 属 116 种，其次为 6 竹 4 阔林和毛竹纯林，其植物分别隶属于 47 科 79 属 99 种和 48 科 68 属 87 种，再次为常绿阔叶林，其植物分别隶属于 42 科 62 属 77 种，而杉竹混交林和杉木纯林的植物仅分别分布于 22 科 30 属 34 种和 25 科 30 属 31 种。

（3）各群落草本层植物区系分布与乔木层和灌木层的分布又有差异，草本层以 6 竹 4 阔林的植物区系分布最广泛，其植物隶属于 28 科 43 属 45 种，8 竹 2 阔林、常绿阔叶林和毛竹纯林的次之，其植物分别分布于 23 科 39 属 44 种、21 科 38 属 40 种和 25 科 35 属 37 种，杉木纯林和杉竹混交林草本层植物分别隶属于 19 科 26 属 31 种和 17 科 24 属 25 种。

(4)虽各毛竹林类型(T_{ZS}、T_{ZC}、T_{ZK1} 和 T_{ZK2})乔木层植物区系分布均较 CK_K 窄，但就是植物区系分布最窄的毛竹纯林，其乔木层植物的科数、属数和种数均不低于杉木纯林；毛竹纯林、8 竹 2 阔林和 6 竹 4 阔林灌木层和草本层植物区系分布较广泛，尤其是 8 竹 2 阔林和 6 竹 4 阔林，其灌木层和草本层的属数和种属均高于常绿阔叶林，导致此结果除了与群落演替有关外，还与竹林经营利用方式有关。竹林每年夏、冬砍伐两次，相当于森林抚育间伐两次，这为喜光树种提供了生存空间，使得林下植物种类丰富，而常绿阔叶林基本已基本稳定，乔木层占绝对优势，林下层次分明，且林下优势树种也较明显，主要有壳斗科、山矾科及里白科等。

五、不同类型毛竹林层次性研究

群落的层次性即群落的垂直结构，大多数群落都具有清楚的层次性，草本植物、灌木和乔本自下而上分别配置在群落的不同高度，形成群落的垂直结构(尚玉昌，2002；韩玉萍等，1999)。群落的层次性主要是由植物的生长型和生活型所决定，同时，群落中植物的层次性为不同类型的动物创造了栖息环境，在每一层次上，都有不同的生物特点适应那里的生活(尚玉昌，2002)。由于经营方式的不同，6 种群落类型的层次性有所差异，整体上呈现常绿阔叶林、杉木林和杉竹混交林乔、灌、草层次性明显，而毛竹纯林和竹阔混交林灌木层和草本层差异不太明显，尤其是毛竹纯林最不明显。此外，由地衣、苔藓所构成的地被层不明显，在此仅分析各群落乔、灌、草的层次性。

(一)杉木林

杉木纯林乔木层树种只有 4 种，其中杉木(*Cunninghamia lanceolata*)重要值最大，达 75.58，为该群落的优势种；其余 3 种植物——闽楠(*Phoebe bournei*)、毛竹(*Phyllostachys edulis*)和锥栗(*Castanea henryi*)的重要值均小于 10，分别为 7.11、9.73 和 7.59，林分平均胸径为 21.14 厘米，平均树高为 18.12 米，平均密度为 1950 株/公顷，郁闭度 0.75 左右。

灌木层盖度 75%，物种数为 31，为种类最为丰富的层次，占整个群落物种数的 48.44%，其中芭蕉(*Musa basjoo*)和苦竹(*Pleioblastus amarus*)的重要值均大于 10，分别为 17.52 和 15.87，共同构成了杉木纯林林下灌木的优势种；此外，羊角藤(*Morinda umbellata*)、樟树(*Cinnamomum cam-*

phora）、三叶青（*Illigera trifoliata*）、大叶紫槠（*Castanopsis megaphylla*）、粗叶榕（*Ficus hirta*）、细圆藤（*Pericampylus glaucus*）、沿海紫金牛（*Ardisia punctata*）、菝葜（*Smilax corbularia*）、空心泡（*Rubus rosaefolius*）、台湾榕（*Ficus formosana*）、玉叶金花（*Mussaenda pubescens*）和台湾楤木（*Aralia bipinnata*）的重要值均大于 2，分别为 6.63、5.84、5.36、5.11、5.01、4.33、3.65、3.07、2.82、2.29、2.22 和 2.09，其余如福建马兜铃（*Aristolochia fujianensis*）、黄毛棘豆（*Oxytropis ochrantha*）、吕宋荚蒾（*Viburnum luzonicum*）、华杜英（*Elaeocarpus chinensis*）、栲（ *Castanopsis fargesii*）等 17 种植物的重要值均小于 2，其重要值之和仅为 18.19。

草本层盖度较低，仅 15%，物种数为 31，其中渐尖毛蕨（*Cyclosorus acuminatus*）和狗脊（*Woodwardia japonica*）的重要值均大于 10，分别为 18.80 和 10.57，共同成为杉木纯林下草本层的优势种，薄盖短长蕨（*Allantodia hachijoensis*）、羽裂圣蕨（*Dictyocline wilfordii*）、十字薹（*Carex cruciata*）、紫麻（*Oreocnide frutescens*）、单叶双盖蕨（*Diplazium subsinuatum*）和胎生狗脊（*Woodwardia japonica*）的重要值均大于 2，分别为 8.68、4.67、4.27、3.92、3.15 和 2.93，其余如凤尾蕨（*Pteris fauriei*）、高杆珍珠茅（*Scleria terrestris*）、海金沙（*Lygodium japonicum*）、珍珠莲（*Ficus sarmentosa*）、乌蔹莓（*Cayratia japonica*）等 23 种植物的重要值之和仅为 43.01。

（二）杉竹混交林

与杉木纯林一样，杉竹混交林乔木层树种也只有 4 种，其中毛竹（*Phyllostachys edulis*）和杉木（*Cunninghamia lanceolata*）的重要值分别为 45.07 和 38.98，故毛竹和杉木成为该群落的优势种，其次为火力楠（*Michelia macclurel*），其重要值为 13.35，木荷（*Schima superba*）的重要值为 2.61，林分平均胸径为 9.59 厘米，平均树高为 9.48 米，平均密度为 3363 株/公顷，郁闭度 0.65。

灌木层盖度 25%，物种数为 34，为种类最为丰富的层次，占整个群落物种数的 56.67%，其中杜茎山（*Maesa japonica*）和苦竹（*Pleioblastus amarus*）的重要值最大，分别为 15.48 和 16.02，均大于 10，为该层次的优势种。此外，玉叶金花（*Mussaenda frondosa*）、野柿（*Diospyros kaki*）、羊角藤（*Morinda umbellata*）、十字薹（*Carex cruciata*）、野葡萄（*Vitis amurensis*）、黄瑞木（*Adinandra millettii*）、杉木（*Cunninghamia lanceolata*）、椤木石楠

(*Photinia davidsoniae*)和大叶紫槠(*Castanopsis megaphylla*)的重要值较大，分别为7.45、6.38、4.94、4.72、4.29、4.10、3.37、2.14和2.05，其余如钩藤(*Uncaria rhynchophylla*)、光叶山矾(*Symplocos lancifolia*)、广东蛇葡萄(*Ampelopsis cantoniensis*)、湖北算盘子(*Glochidion wilsonii*)、木梅(*Rubus swinhoei*)等23种灌木/藤本的植物的重要值之和为29.06。

草本层盖度较低，仅5%，物种数为25，其中芒萁(*Dicranopteris dichotoma*)和乌蕨(*Stenoloma chusanum*)的重要值均高于10，分别为18.16和13.85，构成了草本层的优势种。此外，团叶鳞始蕨(*Lindsaea orbiculata*)、狗脊(*Woodwardia japonica*)、毛蕨(*Cyclosorus gongylodes*)、地埝(*Melastoma dodecandrum*)、五节芒(*Miscanthus Anderss*)、斜方复叶耳蕨(*Arachniodes rhomboidea*)、淡竹叶(*Lophatherum gracile*)、酢浆草(*Oxalis corniculata*)、金星蕨(*Cyclosorus gongylodes*)和油莎草(*Cyperus esculentus*)10种植物的重要值分别为9.87、8.84、5.93、5.86、3.98、3.62、3.32、2.67、2.43和2.01，其余13种植物如大头艾纳香(*Blumea megacephala*)、高杆珍珠茅(*Scleria terrestris*)、紫麻(*Oreocnide frutescens*)、稀羽鳞毛蕨(*Dryopteris sparsa*)等的重要值之和为19.46。

(三)毛竹纯林

虽其乔木层夹杂了几棵杉木(*Cunninghamia lanceolata*)、火力楠(*Michelia macclurel*)、白玉兰(*Magnolia denudate*)、闽楠(*Phoebe bournei*)、杜英(*Elaeocarpus sylvestris*)、木荷(*Schima superba*)、山杨(*Populus davidiana*)，但以毛竹(*Phyllostachys edulis*)占绝对优势，其重要值达94.88，林分平均胸径为8.85厘米，平均树高为11.29米，平均密度为3178株/公顷，郁闭度0.75左右。

灌木层盖度45%，物种数为77，种类最为丰富，占整个群落物种数的65.25%，其中杜茎山(*Maesa japonica*)、大叶紫槠(*Castanopsis megaphylla*)、绣花针(*Malvaviscus arboreus*)、三叶青(*Illigera trifoliata*)、玉叶金花(*Mussaenda pubescens*)和栲(*Castanopsis fargesii*)的重要值分别为9.01、6.75、6.17、5.00、4.66和3.28，优势树种不太明显，其余如苦槠(*Castanopsis sclerophylla*)、林氏八仙(*Hydrangea lingii*)、华杜英(*Elaeocarpus chinensis*)、虎皮楠(*Daphniphyllum oldhami*)等71种灌木的重要值为65.13。

草本层盖度较低，仅25%，物种数为44，其中荩草(*Arthraxon hispi-*

dus)、狗脊(*Woodwardia japonica*)、渐尖毛蕨(*Cyclosorus acuminatus*)、里白(*Dicranopteris dichotoma*)、乌蕨(*Stenoloma chusanum*)、淡竹叶(*Lophatherum gracile*)、大头艾纳香(*Blumea megacephala*)、十字薹(*Carex cruciata*)、油莎草(*Cyperus esculentus*)、五节芒(*Miscanthus floridulus*)、海金沙(*Lygodium japonicum*)和紫麻(*Oreocnide frutescens*)的重要值分别为 8. 98、8. 49、7. 95、6. 81、6. 49、6. 12、4. 95、4. 76、4. 72、4. 32、3. 60 和 2. 04，虽这 12 种植物总重要值高达 69. 23，但优势种且不明显，其余 28 种草本蕨类植物，如高杆珍珠茅(*Scleria terrestris*)、对叶百步(*Stemona tubeosa*)、地埝(*Melastoma dodecandrum*)、金剑草(*Rubia alata*)、江南卷柏(*Selaginella moellendorffii*)等植物重要值之和为 30. 77。

(四)8 竹 2 阔林

与毛竹纯林相比，8 竹 2 阔林乔木层物种数达 18 种，其中毛竹的重要值为 61. 29，成为该群落的优势种，其次，闽楠(*P. bournei*)、麻风树(*Jatropha curcas*)和杉木(*C. lanceolata*)，其重要值分别为 5. 13、5. 09 和 4. 79，其余 14 种乔木如杉木(*Cunninghamia lanceolata*)、山杜英(*Elaeocarpus sylvestris*)、檵木(*Loropetalum chinense*)、闽楠(*Phoebe bournei*)、木荷(*Schima superba*)、水杨酸(*Geum aleppicum*)、猴欢喜(*Sloanea sinensis*)、泡桐(*Paulowinia fortunei*)、梧桐(*Firmiana platanifolia*)、樟树(*Cinnamomum camphora*)等重要值之和仅为 23. 70，林分平均胸径为 10. 26 厘米，平均树高为 13. 22 米，平均密度为 3009 株/公顷，郁闭度 0. 75 左右。

灌木层盖度 55%，物种数为 116，种类最为丰富，占整个群落物种数的 65. 17%，其中大叶紫槠(*Castanopsis megaphylla*)、木荷(*Schima superba*)、栲(*Castanopsis fargesii*)、沿海紫金牛(*Ardisia punctata*)、细齿叶柃(*Eurya nitida Korthals*)、光叶菝葜(*Smilax corbularia*)、檵木(*Loropetalum chinense*)、黄瑞木(*Adinandra millettii*)、杜虹花(*Callicarpa formosana*)、玉叶金花(*Mussaenda pubescens*)、三叶青(*Illigera trifoliata*)、和青冈(*Cyclobalanopsis fulvisericeus*)的重要值分别为 6. 65、5. 12、4. 10、3. 80、3. 51、3. 04、2. 78、2. 71、2. 60、2. 59、2. 37 和 2. 13，这 2 种灌木的重要值之和达 41. 40，优势种不明显。其余如披针叶山矾(*Symplocos oblanceolata*)、竹叶榕(*Ficus stenophylla*)、小叶冬青(*Ilex ficoidea Hemsl.*)、台湾榕(*Ficus formosana*)、山桐子(*Idesia polycarpa*)、山黄皮(*Randia cochinchinensis*)等

104 种灌木的重要值为 58. 60。

草本层盖度较低，仅 15%，物种数为 44，其中狗脊(*Woodwardia japonica*)、芒萁(*Dicranopteris dichotoma*)和淡竹叶(*Lophatherum gracile*)的重要值分别是 15. 92、14. 18 和 11. 92，此 3 种植物重要值之和达 42. 02，共同构成了 8 竹 2 阔林草本层的优势种，其次如十字薹(*Carex cruciata*)、羽裂圣蕨(*Dictyocline wilfordii*)、扇叶铁线蕨(*Adiantum flabellulatum*)、荩草(*Arthraxon hispidus*)和江南卷柏(*Selaginella moellendorffii*)的重要值均大于 2，分别为 5. 14、4. 22、3. 47、2. 9 和 2. 72，其余 36 种植物如珍珠莲(*Ficus sarmentosa*)、半边旗(*Pteris semipinnata*)、对叶百部(*Stemona tubeosa*)、地埝(*Melastoma dodecandrum*)、黑足鳞毛蕨(*Dryopteris fuscipes*)、见血清(*Liparis nervosa*)等的重要值均小于 2，其重要值之和为 39. 53。

(五)6 竹 4 阔林

6 竹 4 阔林乔木层物种数较 8 竹 2 阔林略少，为 14 种，其中毛竹(*P. edulis*)和闽楠(*P. bournei*)重要值分别为 45. 45 和 13. 34，毛竹为该群落的优势种，其次，锥栗(*Castanea henryi*)、木荷(*Schima superba*)、麻风树(*Jatropha curcas*)、泡桐(*Paulowinia fortunei*)、青冈栎(*Cyclobalanopsis glauca*)和山杨(*Populus davidiana*)，其重要值分别为 6. 97、6. 65、4. 06、3. 84、3. 77 和 3. 08，其余 6 种乔木如杜英(*Elaeocarpus decipiens*)、山杜英(*Elaeocarpus sylvestris*)、枫香(*Liquidambar formosana*)、南酸枣(*Choerospondias axillaria*)和杉木(*Cunninghamia lanceolata*)等重要值之和仅为 12. 84，林分平均胸径为 9. 57 厘米，平均树高为 10. 95 米，平均密度为 2876 株/公顷，郁闭度 0. 80。

灌木层盖度 60%，物种数为 99，为种类最为丰富的层次，占整个群落物种数的 66. 89%，其中栲(*Castanopsis fargesii*)和黄栀子(*Gardenia sootepensis*)的重要值较大，分别为 8. 23 和 5. 42，但依然小于 10，优势种不明显，此外，沿海紫金牛(*Ardisia punctata*)、细齿叶柃(*Eurya nitida*)、光叶菝葜(*Smilax corbularia*)、玉叶金花(*Mussaenda frondosa*)、毛冬青(*Ilex pubescens*)、绣花针(*Malvaviscus arboreus*)、木荷(*Schima superba*)、菝葜(*Smilax china*)、杜茎山(*Maesa japonica*)、檵木(*Loropetalum chinense*)、拟赤杨(*Alniphyllum fortunei*)、光叶山矾(*Symplocos lancifolia*)、花龙(*Styrax faberi*)和椤木石楠(*Photinia davidsoniae*)的重要值均大于 2，分别为 3. 57、

3.03、2.94、2.87、2.49、2.45、2.39、2.34、2.33、2.24、2.17、2.16、2.12 和 2.03，此 16 种植物的重要值之和达 48.78，其余如朱砂根（*Ardisia crenata*）、油茶（*Camellia oleifera*）、野漆（*Toxicodendron succedaneum*）、台湾榕（*Ficus formosana*）、山黄皮（*Randia cochinchinensis*）、藤茶（*Ampelopsis grossedentata*）83 种灌木/藤本植物的重要值之和为 51.22。

草本层盖度较低，仅 15%，物种数为 45，其中芒萁（*Dicranopteris dichotoma*）的重要值最高，为 17.09，为此层的优势种，其次狗脊（*Woodwardia japonica*）、淡竹叶（*Lophatherum gracile*）、毛蕨（*Cyclosorus gongylodes*）、大头艾纳香（*Blumea megacephala*）和地埝（*Melastoma dodecandrum*）5 种的重要值均大于 5，分别为 8.40、7.72、5.51 和 5.47，其余如扇叶铁线蕨（*Adiantum flabellulatum*）、十字薹（*Carex cruciata*）、团叶鳞始蕨（*Lindsaea orbiculata*）、油莎草（*Cyperus esculentus*）、莠竹（*Microstegium glaberrimum*）、荩草（*Arthraxon hispidus*）、金剑草（*Rubia alata*）、海金沙（*Lygodium japonicum*）、高杆珍珠茅（*Scleria terrestris*）和乌蕨（*Stenoloma chusanum*）10 种的重要值均大于 2，分别为 2.17、4.26、3.20、4.97、2.43、4.12、2.36、2.61 和 2.12，其余如白花苦灯笼（*Clerodendrum fortunatum*）、稀羽鳞毛蕨（*Dryopteris sparsa*）、皱叶狗尾草（*Setaria plicata*）、鱼腥草（*Houttuynia cordata*）、五节芒（*Miscanthus Anderss*）、四块瓦（*Chloranthus japonicus*）等 29 种的重要值之和为 18.61。

（六）常绿阔叶林

与其他群落相比，常绿阔叶林乔木层树种最多，其中木荷（*Schima superba*）的重要值最高，为 10.26，成为常绿阔叶林乔木层的优势种，而其他如南酸枣（*Choerospondias axillaria*）、栲（*Castanopsis fargesii*）、少叶黄杞（*Engelhardtia fenzelii*）、刨花楠（*Machilus pauhoi*）、赤楠（*Syzygium buxifolium*）、狗骨柴（*Tricalysia dubia*）、石栎（*Lithocarpus glaber*）、网脉叶酸藤果（*Embelia rudis*）、瓜馥木（*Fissistigma oldhamii*）、树参（*Dendropanax dentiger*）、火灰树（*Symplocos dung*）、矩形叶老鼠刺（*Itea chinensis* var. *oblonga*）、杜英（*Elaeocarpus chinensis*）和玉叶金花（*Mussaenda esquiroill*）的重要值均大于 2，分别为 9.14、8.63、8.26、5.32、3.64、3.56、3.55、3.55、3.31、3.13、3.09、3.00 和 2.83，其余乔木如华杜英（*Elaeocarpus chinen-*

sis)、黄瑞木(*Adinandra millettii*)、黄檀(*Dalbergia balansae*)、肉桂(*Cinnamomum cassia*)、山黄皮(*Randia cochinchinensis*)等20种植物的重要值均小于2，其重要值之和为26.09，林分平均胸径为19.60厘米，平均树高为22~13米，平均密度为1225株/公顷，郁闭度0.85。

与其他群落相比，虽常绿阔叶林灌木层物种数不是最高，但其盖度最高，达65%，物种数为89，同样是该群落物种数最丰富的层次，占整个群落物种数的68.99%，其中石栎的重要值最高，为5.60，但还是小于10，故优势种不明显。而树参(*Dendropanax dentiger*)、栲(*Castanopsis fargesii*)、火灰树(*Symplocos dung*)、黄瑞木(*Adinandra millettii*)、杜茎山(*Maesa japonica*)、少叶黄杞(*Engelhardtia fenzelii*)、赤楠(*Syzygium buxifoli*)、三叶青(*Illigera trifoliata*)、光叶山矾(*Symplocos lancifolia*)、毛冬青(*Ilex pubescen*)、油茶(*Camellia oleifera*)、瓜馥木(*Fissistigma oldhamii*)、羊舌树(*Symplocos glauca*)、木荷(*Schima superba*)、玉叶金花(*Mussaenda pubescens*)和草珊瑚(*Sarcandra glabra*)16种灌木的重要值均大于2，分别为4.42、3.70、3.67、3.34、3.32、3.03、2.82、2.77、2.57、2.53、2.44、2.26、2.24、2.24、2.11和2.07，其余如山茶(*Camellia caudata*)、肉桂(*Cinnamomum cassia*)、绒毛润楠(*Machilus velutina*)、披针叶山矾(*Symplocos oblanceolata*)、四川山矾(*Symplocos setchuensis*)、小叶买麻藤(*Gnetum parvifolium*)、野葡萄(*Vitis amurensis*)、野桐(*Mallotus yunnanensis*)、竹叶榕(*Ficus stenophylla*)、朱砂根(*Ardisia crenata*)等72种灌木的重要值之和为48.87。

草本层盖度较低，仅20%，物种数为37，主要以蕨类为主，其中里白(*Hicriopteris critica*)的重要值最大，为14.49，成为常绿阔叶林草本层的优势种，而狗脊(*Woodwardia japonica*)、芒萁(*Dicranopteris dichotoma*)、淡竹叶(*Lophatherum gracile*)、毛蕨(*Cyclosorus gongylodes*)、大头爱纳香(*Blumea megacephala*)、荩草(*Arthraxon hispidus*)、地埝(*Melastoma dodecandrum*)、油莎草(*Cyperus esculentus*)、十字薹(*Carex cruciata*)、莠竹(*Microstegium glaberrimum*)、乌蕨(*Stenoloma chusanum*)、鱼腥草(*Houttuynia cordata*)、扇叶铁线蕨(*Adiantum flabellulatum*)、海金沙(*Lygodium japonicum*)和团叶鳞始蕨(*Lindsaea orbiculata*)14种草本(蕨类)的重要值均大于

2，分别是 7.38、6.82、5.89、5.33、4.91、4.84、4.82、3.85、3.67、3.38、3.29、2.94、2.87、2.58 和 2.24，其余如五节芒（*Miscanthus Anderss*）、四块瓦（*Chloranthus japonicus*）、三褶脉紫菀（*Aster ageratoides*）、多齿楼梯草（*Elatostema sessile*）、流苏子（*Coptosapelta diffusa*）等 21 种草本（蕨类）植物重要值之和仅为 20.70。

六、不同类型毛竹林乔木层胸径、树高和年龄分布特征

林分结构是指一个林分的树种组成、个体数、直径分布、年龄分布、树高分布和空间配置（姚爱静等，2005）。作为森林群落的优势层的乔木层是森林生态系统结构与功能的主要贡献者，其结构规律的研究很早就受到林学家和生态学家们的关注。林分结构（胸径、树高、年龄）分布模型可提供林分中各径级、树高、龄级木的株数信息，这对不同材种商品林的整合经营相当重要，同时也是准确评价营林抚育措施的基础。根据野外调查资料，按不同间距用正态分布、对数正态分布、Weibull 分布、τ 分布、β 分布对 6 种试验林分胸径、树高分布进行模拟，同时用 Weibull 分布和 β 分布对 4 种有毛竹的林分中的毛竹和杉木林年龄分布进行拟合。

（一）胸径分布

乔木层胸径分布拟合结果表明（表 3-4），毛竹纯林的胸径分布仅符合正态分布，杉竹混交林和杉木纯林的胸径分布仅符合 β 分布，常绿阔叶林胸径分布符合对数正态、τ 分布、β 分布和 Weibull 分布，这些分布均不能较好地拟合 8 竹 2 阔林和 6 竹 4 阔林胸径结构特征。

从胸径变化系数、偏度和峰度来看，变动系数变化幅度较大，其取值范围为 20.64%～68.13%，其中以常绿阔叶林的最大，杉竹混交林次之，随后依次为 8 竹 2 阔林、6 竹 4 阔林、杉木纯林，毛竹纯林的最小，说明毛竹纯林的胸径差异最小，常绿阔叶林的差异最大；除杉木纯林的偏度小于 0 外，其余林分的胸径偏度均大于 0，说明杉木纯林乔木层胸径分布曲线呈现右偏，表明大径阶的林木占多数，其余林分乔木层胸径分布曲线均为左偏，表明这些林分中小径阶的林木占多数，6 种林分胸径偏斜程度大小排序依次为：$T_{ZK1}>T_{ZK2}>T_{ZS}>CK_K>T_{ZC}>CK_S$；常绿阔叶林胸径的峰度为负值，说明其胸径分布曲线较平坦，其径阶分布离散程度大，其余林分均

表 3-4 乔木层胸径、树高和年龄分布假设检验

林分	指标	均值	标准差	变动系数 t	偏差	峰度	正态分布			对数正态分布			τ 分布			β 分布			Weibull 分布		
							χ^2 值	$p(>\chi^2_{0.05})$	H_0	χ^2 值	$p(>\chi^2_{0.05})$	H_0	χ^2 值	$p(>\chi^2_{0.05})$	H_0	χ^2 值	$p(>\chi^2_{0.05})$	H_0	χ^2 值	$p(>\chi^2_{0.05})$	H_0
CK_S	D	23.46	7.29	31.07	-0.43	0.21	15.695	0.047	假	56.920	0.000	假	612.923	0.000	假	29.026	1.000	真	37.064	0.000	假
	H	18.31	3.80	20.75	-1.54	2.03	63.632	0.000	假	134.475	0.000	假	29589.77	0.000	假	49.269	0.996	真	144.300	0.000	假
	a	29.50	8.35	28.31	-3.02	7.14										24.26	1.000	真	78910.13	0.000	假
T_{ZS}	D	9.57	3.91	40.86	1.22	0.74	189.221	0.000	假	95.159	0.000	假	69.034	0.000	假	118.619	1.000	真	76.720	0.000	假
	H	9.24	1.89	20.45	0.34	-0.53	17.153	0.009	假	15.735	0.028	假	33.841	0.000	假	10.706	1.000	真	13.798	0.032	假
	a_1	2.14	1.15	53.74	0.82	-0.03										10.723	1.000	真	8.861	0.003	假
	a_2	8.38	8.58	102.75	0.60	-1.60										416.94	0.000	假	338.36	0.000	假
T_{ZC}	D	9.01	1.86	20.64	0.58	3.21	8.514	0.000	真	95.383	0.000	假	511.018	0.000	假	77878.12	0.000	假	7122637.77	0.000	假
	H	10.42	2.56	42.80	0.69	-0.49	52.565	0.000	假	17.083	0.002	假	22.997	0.003	假	34.012	1.000	真	28.347	0.000	假
	a	2.60	1.29	49.62	0.57	-0.37										143.515	1.000	真	154.258	0.000	假
T_{ZK1}	D	9.75	3.80	38.97	4.20	24.37	72.22	0.000	假	72.219	0.000	假	1262.11	0.000	假	2077.68	0.000	假	75521.86	0.000	假
	H	11.61	2.50	21.53	-0.25	0.35	27.730	0.000	假	94.443	0.000	假	407.249	0.000	假	64.333	1.000	真	41.727	0.000	假
	a	2.99	1.77	59.20	0.57	-0.37										167.136	1.00	真	195.691	0.000	假
T_{ZK2}	D	9.00	3.34	37.11	2.27	7.22	30001.377	0.000	假	132.260	0.000	假	108.030	0.000	假	12232.882	0.000	假	188.325	0.000	假
	H	11.20	2.60	23.21	-0.25	-0.21	53.703	0.000	假	96.477	0.000	假	311.352	0.000	假	72.278	1.000	真	96.955	0.000	假
	a	3.00	1.71	57.00	0.48	-0.51										179.778	0.999	真	190.502	0.000	假
CK_K	D	15.31	10.43	68.13	0.91	-0.21	59.268	0.000	假	14.765	0.193	真	14.301	0.160	真	28.376	1.000	真	15.547	0.113	真
	H	12.99	5.56	42.80	0.24	-1.11	33.355	0.000	假	43.204	0.000	假	46.903	0.000	假	16.078	1.000	真	31.958	0.000	假
	a																				

注：a_1 为杉竹混交林中毛竹的年龄分布；a_2 为杉竹混交林整体年龄分布。

为正值，表明径阶分布曲线为高狭峰，径阶分布离散程度小且集中，各林分胸径分布曲线的尖峭程度大小依次为：$T_{ZK1}>T_{ZK2}>T_{ZC}>T_{ZS}>CK_S=CK_K$，这与林分类型、林分起源、林分密度等因素密切相关，由于竹阔混交林是由次生林发展而来，加之人为劈山，使得林内存在少量胸径很大的阔叶树，致使其胸径分布曲线尖峭度最大的原因，而杉木纯林为同龄林，林内只有零星的毛竹分布，故其尖峭度最小，而常绿阔叶林乔木层占居绝对优势，林木胸径分布以中小径阶为主，故其尖峭度也较小。

（二）树高分布

各林分树高分布拟合结果（表 3-4）可看出，β 分布能较好地拟合 6 种林分的树高分布特征，而其他分布如正态分布、对数正态分布、Weibull 分布等分布均不适合这些林分树高分布，这说明 β 分布适用较广泛。

从各林分树高分布特征值——变动系数、偏度和峰度来看，树高分布的变动系数取值范围较胸径分布的小，其范围为 20.75%~42.80%，说明各林分树高变化较小，这主要与各林分乔木层优势树种明显密切相关；毛竹纯林、杉竹混交林和常绿阔叶林树高分布的偏度均大于 0，其树高分布曲线呈左偏，表明这 3 种林分乔木层矮小林分较多，而 8 竹 2 阔林、6 竹 4 阔林和杉木林树高分布偏度均小于 0，导致此特征的原因应与林分起源、林分结构、树种组成及其郁闭度密切相关，其树高分布曲线呈现右偏，表明这 3 种林分乔木层以高大林木较多，偏斜程度依次为：$CK_S>T_{ZC}>T_{ZS}>T_{ZK1}=T_{ZK2}>CK_K$；杉竹混交林和常绿阔叶林优势树种明显，尤其是常绿阔叶林，林内少量几株南酸枣占据了乔木层的大部分空间，其余林分均在其树冠下生长，而毛竹纯林由于粗放经营，林分长势较差，高大的毛竹较少，故此 3 种林分树高呈现右偏的分布态势，而杉木纯林和竹阔混交林却不同，杉木林为近熟同龄林林，杉木占绝对优势，且杉木树高变动较小，而竹阔混交林由于培肥土壤效果较佳，林分郁闭度较高，而高郁闭度可促进树高生长，故此 3 种林分树高呈现左偏的态势，高大乔木数量较多；除 8 竹 2 阔林和杉木纯林树高峰度大于 0 外，其余林分的树高峰度均小于 0，说明除 8 竹 2 阔林和杉木纯林外，其余林分数高分布曲线较平坦，树高分布离散程度大，而竹阔混交林和杉木树高分布为高狭峰，树高分布离散程度小且集中，尖峭程度大小依次为：$CK_S>CK_K>T_{ZS}>T_{ZC}>T_{ZK1}>T_{ZK2}$。

（三）年龄分布

用β分布和Weibull分布对毛竹纯林、8竹2阔林、6竹4阔林、杉竹混交林中的毛竹、杉竹混交林和杉木纯林年龄分布特征进行拟合，结果表明（表3-4）：β分布可较好地拟合4种毛竹林中毛竹、杉木林年龄分布，但不能拟合杉竹混交林整体年龄分布特征，而Weibull分布不符合上述林分的年龄分布特征。常绿阔叶林由于其年龄情况未进行调查，故未对其进行拟合分析。

从变动系数来看，各林分年龄变动系数大，尤以杉竹混交林整体年龄变动系数最大，这主要是由于杉竹混交林中杉木年龄较高，而毛竹年龄低，且均有相当比例，其余林分年龄变动系数的变化幅度较小，其范围在49.62%~59.20%，反映出这些林分均具有有相当比例的毛竹这一相似性；杉木林年龄偏度为负，年龄分布曲线略呈右偏，说明高年龄的杉木占杉木林绝对数量，而4种林分中毛竹和杉竹混交林年龄偏度均为负值，年龄分布曲线略呈左偏，说明这些林分中的低年龄毛竹/林木占多数，偏斜程度大小次序为：$T_{ZS}>T_{ZC}=T_{ZK1}>T_{ZK2}$，导致此结果的原因主要与林木采伐利用及林分组成密切相关。顺昌毛竹采伐年龄较低，一般为4~6年，故有竹子的林分低度竹数量多，杉竹混交林竹子和杉木的年龄相差较大，而毛竹数量又多，致使其偏斜程度最大，同理，毛竹纯林和8竹2阔林中毛竹比例大，每年新竹多，致使其年龄左偏程度高于8竹2阔林；除杉木林年龄峰度为正值外，其余林分中的毛竹、杉竹混交林中的毛竹年龄（T_{ZSm}）和整体年龄（T_{ZSz}）峰度为负值，说明这些林分中的毛竹年龄和杉竹混交林整体林木年龄分布曲线较平坦，年龄分布离散程度大，而杉木年龄分布曲线为高狭峰，年龄分布离散程度小且集中，尖峭程度大小次序依次为：$CK_S>T_{ZSz}>T_{ZK2}>T_{ZC}=T_{ZK1}>T_{ZSZm}$。

七、小　结

6种群落的植物隶属86科166属231种，其中蕨类植物13科21属30种，裸子植物2科2属2种，被子植物71科143属199种；不同层次植物种类也存在较大差异，其中乔木层植物种类隶属40科67属78种，灌木层植物隶属于68科123属167种，草本层植物隶属33科47属51种；常绿阔叶林植物73科109属129种，毛竹林55科90属118种，8竹2阔林76科128属156种，6竹4阔林68科120属148种，杉竹混交林和杉木林植物则分别分布于 38 科 54 属 60 种和 42 科 57 属 64 种；单种科和寡种科分别为 42 科和 28 科，分别占总科数的 48.84%和 32.56%，含 5 种以上的科(中等科和较大科)16 科，占总科数的 18.60%；属内种数变化范围为 1~7，其中：含 4 种及 4 种以上的属有 5 属，含 3 种的属有 7 属，含 2 种的属有 24 属，单种属 130 属。

植物属地理分析结果表明，由于闽北武夷山脉的影响，蕨类植物区系具有明显的热带成分(16 属，占蕨类植物总属数的 76.19%)，同时，由于地处亚热带海洋性气候的影响，兼有温带性质，使得蕨类植物科、属结构较复杂，一些属属内变化较大。种子植物除没有温带亚洲、地中海区、西亚至中亚分布、中亚分布，其他 13 个分布类型均有，说明本区种子植物区系地理成分具有复杂性和广泛性，同时还反映了本区的地貌特征。

各群落垂直结构分化明显，尤其是常绿阔叶林。按植物高度和生长型，各群落可分为乔木层、灌木层和草本层(因毛竹林人为干扰大，林内灌木、藤本高度相当，故未将其分开)。所有群落乔木层、灌木层和草本层共有 13 个优势种群，说明这些群落优势种不明显。人工林尤其毛竹纯林人为干扰强度大，致使灌木层、草本层优势种群不明显。

毛竹纯林群落胸径分布符合正态分布，杉竹混交林、杉木纯林群落的胸径符合 β 分布，常绿阔叶林群落胸径分布符合对数正态分布、τ 分布、β 分布和 Weibull 分布，8 竹 2 阔林和 6 竹 4 阔林胸径分布不符合正态分布、对数正态分布、τ 分布、β 分布和 Weibull 分布；对各林分乔木层树高、年龄(常绿阔叶林除外)分布拟合表明，β 分布能较好地拟合这些林分乔木层树高、年龄分布，这也说明 β 分布适用范围较广的特点。6 种林分总体年龄变化范围最大，直径变化范围次之，树高的变化范围最小；除杉木纯林胸径分布右偏外，其余林分胸径分布均为左偏，8 竹 2 阔林、6 竹 4 阔林和杉木纯林树高分布为右偏，毛竹纯林、杉竹混交林和常绿阔叶林树高分布为右偏，年龄分布除杉木林为右偏外，其余林分(不包括常绿阔叶林)均为左偏；除常绿阔叶林胸径分布平坦外，其余林分胸径分布曲线为高狭峰，毛竹纯林、6 竹 4 阔林、杉竹混交林和常绿阔叶林树高分布较平坦，8 竹 2 阔林和杉木纯林树高分布曲线较陡峭，年龄分布中，除杉木纯林年龄分布曲线为高狭峰外，其余林分——毛竹纯林、8 竹 2 阔林、6 竹 4 阔林、杉竹混交林(毛竹和全部乔木)年龄分布较平坦。

第二节 不同类型毛竹林生物多样性及生物量

一、物种多样性

生物多样性(biodiversity)是生物及其与环境形成的生态复合体以及与其相关的各种生态过程的总和，包括数以百万计的动物、植物、微生物及它们所拥有的基因，以及它们与其生存环境形成的复杂的生态系统。生物多样性是生命系统的基本特征。生命系统是一个等级系统(hierarchical system)，包括多个层次或水平：基因、细胞、组织、器官、物种、种群、群落、生态系统和景观。每一个层次都具有丰富的变化，即都存在着多样性。但理论与实践上重要的、研究较多的主要有基因多样性(或遗传多样性)、物种多样性、生态系统多样性和景观多样性(马克平，1993)。物种多样性是生物多样性在物种水平上的表现形式，包括两方面的含义：一是指一定区域内物种的总和，主要从分类学、系统学和生物地理学角度对一个区域内物种的状况进行研究，也称区域物种多样性；二是指生态学方面物种分布的均匀程度，常常是从群落组织水平上进行研究，也称为生态多样性或群落多样性(蒋志刚，1997)。植物群落物种多样性的研究是其他多样性(遗传多样性、生态系统多样性等)的基础，它不仅可以反映群落组织化水平，而且可以通过结构与功能的关系间接反映群落功能的特征。因此，生态学家对群落多样性的数量化和解释进行了不懈的努力(Pielou，1975；Whittaker & Niering，1995)，尽管在多样性的功能和意义方面存在诸多疑问(贺金生和江明喜，1998)。但是植物群落物种多样性(往往指植物种多样性)作为生态系统多样性最直接和最易于观察研究的一个层次，一直是生态学研究领域的研究重点(李慧蓉，2004)。

为了确定生物及系统在空间内的多样性，1977 年 Whittaker 引入了 α、β、γ 多样性和 δ 多样性的概念(杨利民等，1997)。δ 多样性是最近由于先进工具的使用才出现的，相当于自然地理尺度的多样性。α、β、γ 指数是现在群落多样性结构测度时被经常应用的体系，α 多样性主要关注局域均匀生境下的物种数目，因此也被称为生境内的多样性(within-habitat diversity)；β 多样性指沿环境梯度不同生境群落之间物种组成的相异性或物种沿环境梯度的更替速率，也被称为生境间的多样性(between-habitat diversity)，控制β多样性的主要生态因子有纬度、海拔、土壤、地貌及干扰等；γ多样性描述区域或大陆尺度的多样性，是指区域或大陆尺度的物种数量，也被称为区域多样性(regional diversity)。控制γ多样性的生态过程主要为水热动态、气候和物种形成及演化的历史，用生境的α多样性和生境之间的β多样性的研究范围结合起来表示。它们之间的关系可表示为：$\gamma=\alpha\times\beta$(张金屯，2003)。

物种是构成群落重要的物质基础，虽然各物种对群落功能的贡献可能有很大差异，且群落中的特定种群在生态功能上存在一定程度的互补性和重叠，因此，某个物种的丧失可能对群落整体功能不会发生本质的影响，但物种多样性与群落的功能过程密切相关。群落生物量是群落生态功能过程后果的主要表征参数(杨利民等，2002；乌云娜和张云飞，1997)，以往研究生态系统功能与环境之间关系时，只注重生态过程而非物种组成。然而，事实上，物种组成或物种多样性和基因多样性对于相应生态系统功能的发挥十分重要(马克平和钱迎倩，1998)。因此，研究不同竹林生物多样性特征及其生物量分布格局，有助于全面剖析竹林群落功能特征。

群落多样性是由种间生态位重叠和竞争造成的，人类不合理地利用生物多样性是导致生物多样性大量丧失的主要原因(陈灵芝和马克平，2001)。对不同类型毛竹林乔木层、灌木层、草本层和群落整体生物多样性进行研究，各林分不同层次物种数(S)、Margalef 丰富度(R)、Simpson 指数(D)、Shannon-Wiener 指数(H')、Pielou 均匀度(E)、生态优势度λ和均优多度指数(Z)见表 3-5，可得出以下结论：

(1)各林分不同层次物种数、丰富度指数、Shannon-Wiener 指数和均优多度均表现为灌木层>草本层>乔木层，而生态优势度却表现为乔木层最高，说明各林分乔木层优势树种较明显，其重要值分布集中，而灌木层和草本层优势种重要值远小于乔木层优势种的重要值，它们的重要值呈分散分布的特点。

(2)常绿阔叶林乔木层优势种重要值不高，故其均匀度指数高($E=0.8782$)，但因物种丰富度、多样性指数高($S=35$，$R=4.6440$，$D=0.9361$，$H'=3.1222$)，使得生态优势度低，$\lambda=0.0635$，最终导致乔木层均优多度指数最高，为 28.5119；有毛竹的林分中，毛竹纯林乔木层树种较单一，毛竹占绝对比例，其均匀度指数最低($E=0.1072$)，生态优势度最高($\lambda=0.9271$)。虽杉竹混交林乔木层树种丰富度最低($S=4$)，但其Shannon-Wiener指数和均匀度指数在竹林中最高，分别为0.4773和0.7763。8竹2阔林物种数和物种丰富度在竹林中最高($S=18$，$R=2.0944$)，均优多度指数最低($Z=-10.9068$)；杉木纯林因树种单一，其各项指标介于常绿阔叶林和竹林之间，较杉竹混交林佳。

表3-5 不同类型毛竹林生物多样性指数

林分类型	层次	多样性指数						
		S	*R*	*D*	*H'*	*E*	*λ*	*Z*
CK_S	乔木层	4	0.5750	0.2163	0.4605	0.3322	0.7835	-1.8054
	灌木层	31	2.6512	0.8981	2.7511	0.8011	0.1019	21.6771
	草本层	31	2.5794	0.7176	2.0749	0.6042	0.2824	9.9749
	群落总体	64	5.4792	0.9268	3.2086	0.7715	0.0731	44.6946
T_{ZS}	乔木层	4	0.4924	0.4772	0.7763	0.5600	0.5227	0.1492
	灌木层	34	2.9580	0.8981	2.7885	0.7908	0.1019	23.4205
	草本层	25	2.8405	0.9185	2.7554	0.8560	0.0813	19.3679
	群落总体	60	5.2374	0.9154	3.0639	0.8197	0.0846	44.1105
T_{ZC}	乔木层	8	0.8492	0.0729	0.2229	0.1072	0.9271	-6.5595
	灌木层	77	6.5118	0.9575	3.7005	0.8519	0.0425	62.3221
	草本层	40	3.2973	0.9389	3.1090	0.8428	0.0611	31.2698
	群落总体	118	9.4262	0.9727	4.0461	0.8481	0.0272	96.8635
T_{ZK1}	乔木层	18	2.0944	0.1924	0.5828	0.2016	0.8076	-10.9068
	灌木层	116	9.6509	0.9769	4.1706	0.87736	0.02310	99.094
	草本层	44	3.6843	0.9328	3.0536	0.8069	0.0672	32.549
	群落总体	156	12.9680	0.9604	3.9000	0.7723	0.0396	114.3028
T_{ZK2}	乔木层	14	1.1052	0.4881	1.1542	0.4374	0.5117	-1.0414
	灌木层	99	8.3316	0.9752	4.0636	0.8843	0.0248	85.0976
	草本层	45	3.7831	0.9384	3.1347	0.8235	0.0616	34.2824
	群落总体	148	12.379	0.9793	4.2824	0.857	0.0207	123.7658
CK_K	乔木层	35	4.6440	0.9361	3.1222	0.8782	0.0635	28.5119
	灌木层	89	7.2711	0.9759	4.0261	0.8970	0.0241	77.6869
	草本层	37	3.2886	0.9596	3.3742	0.9344	0.0404	33.0806
	群落总体	129	10.3369	0.9838	4.4183	0.9092	0.0162	115.1864

(3)灌木层物种数以8竹2阔林最大($S=116$)，但常绿阔叶林物种丰富度指数、Simpson 指数、Shannon-Wiener 指数、均匀度和均优多度指数最高，分别为 11.6362、0.9705、3.8064、0.9136 和 57.3356，由于常绿阔叶林乔木层占居绝对优势，林下种群数量受到极大的限制，致使其灌木层生态优势度最低，为0.0253。竹林中，物种丰富度指数、Simpson 指数、Shannon-Wiener 指数、均匀度和均优多度指数以 6 竹 4 阔林最高，分别为：10.3090、0.9612、3.5935、0.8961 和 47.9462，8 竹 2 阔林次之，杉竹混交林的最差，但杉竹混交林生物多样性指标仍较杉木纯林佳，说明毛竹林尤其是竹阔混交林对保护生物多样性更有利。

(4)6 竹 4 阔林草本层物种数、丰富度、均优多度指数最高，分别为 45、3.7831 和 34.2824；常绿阔叶林 Simpson 指数、Shannon-Wiener 指数和均匀度指数最高，分别为：0.9596、3.3742 和 0.9344，杉木纯林草本层除生态优势度最高外，其他各项指标都最低，这是由杉木林草本层极大地受乔木层和灌木层抑制所致；杉竹混交林草本层各项指标介于杉木纯林和竹阔混交林之间。毛竹林中，草本层生物多样性指数以 6 竹 4 阔林最佳，杉竹混交林最差。

(5)群落整体来看，物种数、丰富度以8竹2阔林最高，分别为：156 和 12.9680，其后依次为：6 竹 4 阔林、常绿阔叶林、毛竹纯林、杉木林和杉竹混交林；Simpson 指数、Shannon-Wiener 指数和均匀度以常绿阔叶林最高，分别为：0.9838、4.4183 和 0.9092，其后依次为：6 竹 4 阔林、毛竹纯林、8 竹 2 阔林、杉木林和杉竹混交林；生态优势度以杉竹混交林最高($\lambda=0.0846$)，其后依次为：杉木林、8 竹 2 阔林、毛竹纯林、6 竹 4 阔林和常绿阔叶林。均优多度指数以 6 竹 4 阔林最高($Z=123.7658$)，其后依次为：常绿阔叶林、8 竹 2 阔林、毛竹纯林、杉木纯林和杉竹混交林。

群落优势度是生态优势度的变化形式，它与每个物种的数量分布有关，其数值大小反映出群落内种群结构关系的复杂性。当群落结构稳定、层次分明、优势种明显时，种群数量分布集中，群落优势度较大；而当群落受到人为或自然干扰、优势种失去优势、群落处于不断变化中时，重要值分散分布，群落优势度较小。各试验林分生态优势度的变化状况正是林分起源、人为经营、利用活动等因素共同作用的结果。常绿阔叶林是由次生林发育而来的，故其优势种群显著性不太高，种群数量较分散，致使其生态优势度最低；有毛竹的林分因集约经营强度大，乔木层树种单一，优势树种明显；杉竹混交林因为二代萌生林，林下植被最差，灌木、草本优势种不仅明显，且数量大，致使其生态优势度最高。6竹4阔林因毛竹所占比例较少，其他乔木优势树种不太明显，因此生态优势度在竹林中最低。

二、群落生物量

生物量是生态系统的基本数量特征之一，是认识生态系统结构和功能的基础。生物量不仅直接反映了生态系统生产者的物质生产量和群落稳定性，还是反映植物群落生态环境的重要指标(王春玲等，2005)。闽北不同竹林生物量及其空间分布特征详见表3-6。

表3-6 不同类型毛竹林生物量分布特征

指标		林分类型					
		CK_S	T_{ZS}	T_{ZC}	T_{ZK1}	T_{ZK2}	CK_K
乔木层	树干	155.01/74.66	69.71/66.57	48.49/59.12	44.78/55.02	60.26/50.89	86.38/38.93
	树枝	11.70/5.64	8.52/8.14	9.20/11.22	12.62/15.51	22.61/19.10	74.53/33.59
	树叶	8.17/3.93	6.36/6.07	4.48/5.46	4.89/6.01	8.36/7.06	17.15/7.73
	根茎/竹鞭	0.13/0.07	3.37/3.22	7.28/8.87	7.45/9.15	11.45/9.67	20.59/9.28
	根系	32.61/15.71	16.76/16.01	12.58/15.33	11.66/14.32	15.73/13.28	23.22/10.47
	地上	174.87/84.23	84.59/80.78	62.17/75.79	62.29/76.53	91.24/77.05	178.06/80.25
	地下	32.24/15.78	20.13/19.23	19.86/24.20	19.11/23.47	27.18/22.95	43.81/19.75
	小计	207.62/98.60	104.72/99.03	82.02/97.80	81.40/97.86	118.41/98.71	221.87/92.45
灌木层	地上	1.44/61.40	0.25/61.59	0.34 /62.78	0.46/59.57	0.38/61.29	10.70/62.06
	地下	0.91/38.60	0.16/38.41	0.20/37.22	0.31/40.43	0.24/38.71	6.54/37.94
	小计	2.35/0.93	0.41/0.39	0.55/0.65	0.77/0.92	0.62/0.52	17.24/1.44
草本层	地上	0.39/65.19	0.41/65.84	0.84/64.70	0.67/65.88	0.57/62.38	0.61/71.13
	地下	0.21/34.81	0.21/34.16	0.46/35.30	0.35/34.12	0.35/37.62	0.25/28.87
	小计	0.60/0.28	0.62/0.58	1.30/1.55	1.02/1.22	0.92/0.77	0.86/0.36
总生物量		210.57	105.75	83.86	83.18	119.95	239.98

注：X/Y，X为生物量(吨/公顷)，Y为所占相应的比例(%)。

(1)不同群落总生物量大小差异明显，天然常绿阔叶林群落总生物量最高，为225.98吨/公顷，杉木近熟林次之，为210.57吨/公顷，8竹2阔林最低，为83.18吨/公顷；有毛竹的林分中，总生物量最高的是6竹4

阔林(119.95 吨/公顷)，杉竹混交林次之(105.75 吨/公顷)，毛竹纯林总生物量仅较 8 竹 2 阔林高 0.68 吨/公顷。

(2)虽然各林分乔木层、灌木层和草本层生物量占总生物量的比例差异较大，但均表现为乔木层生物量占绝对优势。各林分乔木层生物量占总生物量的比例变化范围为 92.45%~99.03%，其中杉竹混交林最高，为 99.03%，6 竹 4 阔林次之，为 98.71%，常绿阔叶林的最低，为 92.45%；有毛竹的林分林下草本层生物量较灌木层高，而杉木林和常绿阔叶林的灌木层生物量高于草本层生物量，其原因主要与经营措施和植被更新特征密切相关，灌木为多年生植物，春天萌发，而草本多为一年生植物，夏季生长旺盛。而竹林每年夏秋劈山，对林下植被生长发育产生重要的影响，致使竹林灌木生长受到抑制，草本、蕨类生长旺盛，其生物量之和大于灌木层；而杉木林和常绿阔叶林基本上没有抚育管理措施，林下灌木生长虽弱于乔木，但远优于草本，致使其生物量远大于草本。

(3) 乔木层生物量以常绿阔叶林的最高(221.87 吨/公顷)，杉木纯林的次之(207.62 吨/公顷)，之后为 6 竹 4 阔林和杉竹混交林，其乔木层生物量分别为 118.41 吨/公顷和 104.72 吨/公顷，8 竹 2 阔林最低(81.40 吨/公顷)。对乔木层各组分生物量分析发现，各林分树干生物量占乔木层生物量的比例为 38.93%~74.66%，树枝/竹枝为 5.64%~33.59%，树叶/竹叶为 3.93%~7.73%，根茎/竹鞭为 0.13%~9.67%，根系为 10.47%~16.01%。因此，地上生物量所占比例为 75.79%~84.23%，地下部分为 15.71%~24.21%。虽然毛竹的林分地上生物量较杉木林和常绿阔叶林高，但有毛竹的林分乔木层树干/竹秆生物量占乔木层生物量比例均高于常绿阔叶林，且这一比例表现为随阔叶树混交比例的增加而降低，但地下生物量呈现相反的变化态势，这可能由于竹子、杉木主要利用竹秆和树干的原因。

(4)灌木层生物量变化范围为 0.41~17.24 吨/公顷，占总生物量的 0.39%~7.18%，常绿阔叶林灌木层生物量最高，杉竹混交林最低，毛竹纯林、8 竹 2 阔林、6 竹 4 阔林和杉木林灌木层生物量分别为 0.55 吨/公顷、0.77 吨/公顷、0.63 吨/公顷和 2.35 吨/公顷，各林分灌木层地上生物量高于地下生物量。

(5)草本层生物量变化范围为 0.60~1.30 吨/公顷，占总生物量的 0.28%~1.55%，其中毛竹纯林林下草本层生物量最高，杉木纯林的最低，

8 竹 2 阔林、6 竹 4 阔林、杉竹混交林和常绿阔叶林林下草本层生物量分别为 1.02 吨/公顷、0.92 吨/公顷、0.62 和 0.86 吨/公顷，分别占相应总生物量的 1.22%、0.77%、0.58%和 0.36%，这一变化态势与各林分灌木层、草本层生物多样性指数变化相一致，在一定程度上反映了林分的生物多样性。

三、生物多样性与生物量的关系

选用二次曲线、复合曲线、增长曲线、对数曲线、三次曲线、指数曲线、幂函数和逻辑函数对试验林分生物多样性指数与其生物量的关系进行拟合，结果表明，种数(S)、Margalef 丰富度(R)和均优多度(Z)分别与生物量的曲线拟合拟合优度低($a=0.10$ 水平)，而 Simpson 指数(D)、Shannon-Wiener 指数(H')、Pielou 均匀度(E)和生态优势度 λ 分别与生物量有 $a<0.10$ 水平的拟合方程，分别为：$D=0.9293-0.0052X+2.11\times10^{-5}X^2$($R^2=0.2346$，$P=0.0603$)、$H'=3.0328X^{-1.0980}$($R^2=0.1212$，$P=0.0955$)、$E=0.8342-0.0046X+1.93\times10^{-5}X^2$($R^2=0.2655$，$P=0.0392$)和 $\lambda=0.0707+0.0052X-2.11\times10^{-5}X^2$($R^2=0.2346$，$P=0.0603$)，表明 Pielou 均匀度和 Simpson 指数随生物量呈现先减小后增大的态势，生态优势度随生物量先增加而减小的态势，而 Shannon-Wiener 指数则呈现随生物量增加而降低的态势。本报告中林分生物量与林分生物多样性指数间相关不高，其原因主要与竹林挖笋、劈灌、采伐利用等经营活动相关。

四、小　结

各群落不同层次物种数和物种丰富度随灌、草、乔递减，乔木层物种数、Margalef 丰富度、Shannon 指数、Shannon-Wiener 指数、Pielou 均匀度指数以常绿阔叶林最高，8 竹 2 阔林乔木层物种数、Margalef 丰富度次之，毛竹纯林乔木层生态优势度最高，而其 Simpson 指数、Shannon-Wiener 指数、均匀度却最低。灌木层物种数、Margalef 丰富度、Simpson 指数、Shannon-Wiener 指数和均优多度以 8 竹 2 阔林最高，以杉木纯林的最低，而生态优势度却以常绿阔叶林最高，常绿阔叶林最低，均优多度以常绿阔叶林最高，杉竹混交林最低。草本层物种数、Margalef 丰富度、Simpson 指数、Shannon-Wiener 指数和均优多度以 6 竹 4 阔林最高，杉竹混交林最低；均匀度以常绿阔叶林最高，杉木纯林最低，而生态优势度以杉木纯林最高，常绿阔叶林最低；总体上物种数、丰富度以 8 竹 2 阔林最高，生态优势度以杉竹混交林最高，其余指标以常绿阔叶林最高。因均优多度可以反映群落结构的复杂性，当群落结构稳定、层次分明、优势种明显时，群落优势度就大，所以以群落均优多度来看，各试验林分结构稳定性、层次性、优势种明显性等的综合由大至小次序为：$T_{ZK2}>CK_K>T_{ZK1}>T_{ZC}>CK_S>T_{ZS}$，6 竹 4 阔林均优多度指数最高应与其组成、挖笋、采伐利用等经营活动相关。因此，排除人为干扰，各林分结构稳定性、层次性、优势种明显等特性呈现随着阔叶树比例的增加而增强态势。

常绿阔叶林乔木层生物量最高，但乔木层占总生物量的比例以杉竹混交林最大，6 竹 4 阔林次之，常绿阔叶林最低。灌木层生物量以常绿阔叶林最高，杉木纯林次之，杉竹混交林的最低。草本层生物量毛竹纯林的最高，8 竹 2 阔林次之，杉木纯林最低。群落生物量与群落生物多样性指数的相关性不显著。

第三节　不同类型毛竹林土壤性质

一、土壤物理性质

土壤物理性质是土壤性质的重要指标之一，土壤物理性质直接影响土壤水、肥、气、热的保持与协调，从而影响植被的生长发育。在此仅对试验林分土壤容重、土壤水分系数和孔隙度进行探讨，各林分土壤物理性质测试结果详见表 3-7。

(一) 土壤容重

土壤容重反映土壤松紧程度和土壤结构好坏，是评价土壤性质状况的重要指标之一，其大小与土壤质地、结构和腐殖质含量有关，与土壤孔隙度成反相关。对各试验林分土壤容重研究表明，8 竹 2 阔林土壤容重在 0~20 厘米、20~40 厘米和 40~60 厘米土层中最低，6 竹 4 阔林土壤容重最高。各林分土壤容重随土壤深度增加而增加。方差分析发现 0~20 厘米、20~40 厘米和 40~60 厘米土层中各试验林分土壤容重差异显著。在 0~20 厘米土层中，8 竹 2 阔林土壤容重显著低于常绿阔叶林土壤容重，为 1.04 克/立方厘米，极显著低于其余林分土壤容重，常绿阔叶林极显著低于 8

竹2阔林除外的其余林分，杉竹混交林土壤容重最高；在20~40厘米土层中，8竹2阔林土壤容重除与常绿阔叶林差异不显著，与其余林分差异极显著，为1.11克/立方厘米，6竹4阔林土壤容重最高，为1.32克/立方厘米；而在40~60厘米土层中，常绿阔叶林土壤容重极显著低于8竹2阔林以外的林分，为1.17克/立方厘米，6竹4阔林土壤容重最高，为1.37克/立方厘米，其极显著高于毛竹林以外的其他林分。

表3-7 土壤物理性质

层次	林分	容重	最大持水量	毛管持水量	田间持水量	总孔隙度	毛管孔隙度	非毛管孔隙度
A_1	CK_S	1.18aA	46.47cBC	37.78bC	36.10bC	54.68bcBC	44.41a	10.27aA
	T_{ZS}	1.21aA	43.94cC	38.51bC	35.47bC	52.70cdBC	46.30a	6.40cBC
	T_{ZC}	1.19aA	44.05cC	40.12bBC	38.16bBC	52.17dC	47.57a	4.60dC
	T_{ZK1}	1.04cB	56.46aA	47.33aA	44.54aA	58.27aA	48.97a	9.30abAB
	T_{ZK2}	1.21aA	45.19cC	38.61bC	34.73bC	53.94bcdBC	46.14a	7.81bcB
	CK_K	1.10bB	51.40bB	43. 90aAB	41.98aAB	56.33bAB	48.10a	8.23abcAB
	*F*值	15.087**	14.121**	8.542**	9.234**	6.122**	2.285	7.860**
	*P*值	0.0001	0.0001	0.0001	0.0001	0.0001	0.0517	0.0001
A_2	CK_S	1.26bcAB	39.90cBC	35.00cdC	33.84cdBC	50.29cB	44.11bB	6.18bcB
	T_{ZS}	1.22cB	43.70bB	39.85bB	36.29bcB	52.89bB	48.36aA	4.53dCD
	T_{ZC}	1.28abAB	40.01cBC	36.97bcBC	36.33bcB	51.18cB	47.29aA	3.89dD
	T_{ZK1}	1.11dC	51.83aA	43.84aA	42.67aA	56.99aA	48.24aA	8.74aA
	T_{ZK2}	1.32aA	39.14cC	34.32dC	31.61dC	50.70bcB	44.56bB	6.14cBC
	CK_K	1.13dC	50.87aA	44.16aA	37.20bB	56.76aA	49.27aA	7.49abAB
	*F*值	20.883**	25.507**	20.690**	14.128**	14.020**	10.549**	12.691**
	*P*值	0.0001	0.0001	0.0001	0.0001	0.0001	0.0001	0.0001
A_3	CK_S	129bcBC	36.06cD	31.73cB	30.03dC	46.36dC	40.78cC	5.58bB
	T_{ZS}	1.24cdCD	42.13bB	39.72aA	37.06aA	52.00bAB	49.03aA	2.97cC
	T_{ZC}	1.31abAB	37.71cCD	35.25bB	34.54abAB	48.92cBC	45.82abA	3.10cC
	T_{ZK1}	1.19deDE	42.01bBC	35.27bB	33.42bcABC	49.83bcBC	41.83cBC	8.00aA
	T_{ZK2}	1.37aA	36.56cD	33.59bcB	30.55cdBC	49.56bcB	45.70bBC	3.86cC
	CK_K	1.17eE	47.87aA	42.10aA	35.84abA	55.76aA	49.12aA	6.63abAB
	*F*值	18.524**	14.626**	12.982**	7.209**	9.855**	10.672**	17.330**
	*P*值	0.0001	0.0001	0.0001	0.0001	0.0001	0.0001	0.0001

注：A_1为0~20厘米土层；A_2为20~40厘米土层；A_3为40~60厘米土层；**，极显著差异；下同。同一土层同列中标有不同大写字母者表示不同林分间有极显著性差异（$P<0.01$），标有不同小写字母者表示不同林分间有显著性差异（$P<0.05$）。

对不同林分土壤容重方差分析和多重比较研究发现，6 竹 4 阔林土壤容重极显著高于毛竹林以外的林分，常绿阔叶林和 8 竹 2 阔林土壤容重极显著低于其余林分。各林分土壤容重从低至高依次为：$T_{ZK1}<CK_K<T_{ZS}<CK_S<T_{ZC}<T_{ZK2}$（表 3-8）。说明在改善土壤质地和结构方面，8 竹 2 阔林和常绿阔叶林效果最佳，二者无显著差异。6 竹 4 阔林最差，其原因主要与林分组成、劈灌、挖笋和毛竹采伐利用等有关。因其毛竹比例较小，可挖的笋和可砍的毛竹较少，砍竹时留在林地的竹枝、竹叶较少，通过枯落物归还给林地的养分较少，而竹林人为干扰——挖笋、砍伐时对林地的踩踏较杉木林和常绿阔叶林大；8 竹 2 阔林，尤其毛竹比例大，可挖的笋和可砍的竹、灌木较多，林下植被较好，通过枯落物归还的养分较多，虽人为干扰也大，但回填式挖笋方式相当于翻垦，对提高林地理化性质有利。

表 3-8　土壤物理性质多重比较

指标	0.05 水平						0.01 水平						*F* 值	*P* 值
	CK_S	T_{ZS}	T_{ZC}	T_{ZK1}	T_{ZK2}	CK_K	CK_S	T_{ZS}	T_{ZC}	T_{ZK1}	T_{ZK2}	CK_K		
容重	bc	c	b	d	a	d	BC	C	AB	D	A	BC	37.758**	0.0001
最大持水量	c	b	c	a	C	a	C	B	C	A	C	C	41.380**	0.0001
毛管持水量	d	b	c	a	D	a	D	B	BC	A	CD	D	29.459**	0.0001
田间持水量	d	bc	c	a	D	b	C	B	B	A	C	C	21.554**	0.0001
总孔隙度	d	c	d	b	Cd	a	C	B	C	A	BC	C	21.955**	0.0001
毛管孔隙度	e	ab	bc	cd	D	a	D	AB	ABC	BC	C	D	14.827**	0.0001
非毛管孔隙度	b	cd	d	a	C	b	A	BC	C	A	B	A	32.477**	0.0001

（二）土壤水分系数

水是土壤性质诸多因素中最活跃的因素，它除供植物直接吸收外，还影响微生物的生命活动，养分的分解转化以及土壤中许多物理、化学、生化学过程。土壤水分是土壤重要的组成部分，对植物的生长发育起着重要的作用，所以，调节土壤水分状况，常可使肥、气、热状况得到改善。因此，了解土壤水分状况和控制土壤水分，对林业生产具有重要的意义。

对不同林分不同层次土壤最大持水量、毛管持水量和田间持水量研究表明，所有试验林分土壤最大持水量、毛管持水量和田间持水量随土层增加而降低，每一土层中，不同林分土壤最大持水量、毛管持水量和田间持水量差异极显著。

在 0~20 厘米土层，土壤最大持水量 43.94%~56.46%，毛管持水量 37.78%~47.33%，田间持水量 34.73%~44.54%。8 竹 2 阔林最大持水量、毛管持水量和田间持水量最高，分别为 56.46%、47.33%和 44.54%，其最大持水量极显著高于其他林分土壤最大持水量，其毛管持水量和田间持水量除与常绿阔叶林毛管持水量和田间持水量差异不显著外，与其余林分差异极显著，常绿阔叶林土壤水分系数次之，分别为 51.40%、43.90%和 41.98%，最大持水量、毛管持水量和田间持水量分别以杉竹混交林、杉木林和 6 竹 4 阔林最低，大小分别为 43.94%、37.78%和 34.73%；20~40 厘米土壤最大持水量、毛管持水量和田间持水量以 8 竹 2 阔林最高，常绿阔叶林的次之，6 竹 4 阔林最低；40~60 厘米土壤最大持水量和田间持水量以常绿阔叶林最高，杉竹混交林次之，杉木林最低，田间持水量以杉竹混交林最大(39.72%)，常绿阔叶林次之(35.84%)，杉木林最低(30.03%)。

由于各层土壤最大持水量、毛管持水量和田间持水量有列排序不尽相同，对不同林分不同层次土壤最大持水量、毛管持水量和田间持水量进行方差分析和多重比较(在此仅分析了不同林分间的差异)，结果表明：8 竹 2 阔林土壤最大持水量和毛管持水量最佳，它们除其与常绿阔叶林的差异不显著外，与其余林分差异极显著，此外其田间持水量显著高于常绿阔叶林，极显著高于其余林分田间持水量，常绿阔叶林土壤水分系数次之，最大持水量和田间持水量以 6 竹 4 阔林最低，毛管持水量以杉木林的最低。各林分最大持水量、毛管持水量和田间持水量优劣次序依次为：$CK_K>T_{ZK1}>T_{ZS}>CK_S>T_{ZC}>T_{ZK2}$、$CK_K>T_{ZK1}>CK_S>T_{ZC}>T_{ZK2}>CK_S$ 和 $T_{ZK1}>CK_K>T_{ZS}>T_{ZC}>CK_S>T_{ZK2}$。土壤水分系数优劣次序表明，竹林以 T_{ZK1} 土壤水分状况最佳，其次为 T_{ZS}，T_{ZK2} 最差，导致此结果的原因应与土壤容重相似，所以，适当调整毛竹林树种组成可改善竹林地土壤水分状况。

(三)土壤孔隙度

土壤孔隙度是土粒与土粒间的间隙，土壤孔隙度尤其是土壤毛管孔隙度与非毛管孔隙度的配合比例关系到土壤中水、肥、气、热的协调、土壤微生物活性和植物生长。

除各试验林分间 0~20 厘米层土壤毛管孔隙度差异不显著外，其余指标在各土层中不同林分间差异极显著，且土壤总孔隙度、毛管孔隙度和非毛管孔隙度随土层的增加而减小，说明土壤孔隙状况随土层的加深而减弱。

0~20 厘米土层中，土壤总孔隙度以 8 竹 2 阔林最高(58. 27%)，常绿阔叶林次之(56. 33%)，毛竹纯林最低(52. 17%)。毛管孔隙度虽差异不显著，但以 8 竹 2 阔林最高(48. 97%)，常绿阔叶林次之(48. 10%)，杉木林最低(44. 41%)。非毛光孔隙度以杉木林的最高(10. 27%)，8 竹 2 阔林次之，毛竹林最低(4. 60%)；20~40 厘米土壤中，总孔隙度和非毛管孔隙度以 8 竹 2 阔林最高，分别为 56. 99%和 8. 74%，常绿阔叶林次之，分别为 56. 76%和 7. 49%，总孔隙度以杉木林最低(50. 29%)，非毛管孔隙度以毛竹纯林最低(3. 89%)，而毛管孔隙度以常绿阔叶林最高(49. 27%)，6 竹 4 阔林次之，杉木林最小(44. 11%)；40~60 厘米土壤中，常绿阔叶林土壤总孔隙度和毛管孔隙度最高，分别为 55. 76%和 49. 12%，杉竹混交林次之，分别为 52. 00%和 49. 03%，杉木林的最低，分别为 46. 36%和 40. 78%，非毛管孔隙度以 8 竹 2 阔林最高(8. 00%)，常绿阔叶林次之(6. 63%)，杉木林最小(2. 97%)。

对不同层次不同林分土壤总孔隙度、毛管孔隙度和非毛管孔隙度方差分析和多重比较发现，各林分土壤总孔隙度、毛管孔隙度和非毛管孔隙度优劣次序依次为：$CK_K>T_{ZK1}>T_{ZS}>T_{ZK2}>T_{ZC}>CK_S$、$CK_K>T_{ZS}>T_{ZC}>T_{ZK1}>T_{ZK2}>CK_S$ 和 $T_{ZK1}>CK_K>CK_S>T_{ZK2}>T_{ZS}>T_{ZC}$。由于试验林分土壤大孔隙度平均均小于 10%，不利于土壤透气、透水，因此非毛管孔隙度可能是该地区土壤性质的限制性因子。据此可以得出，8 竹 2 阔林对土壤空隙状况的改善作用在竹林中效果最佳，毛竹纯林效果最差。土壤空隙状况表明，毛竹不管是与针叶树，还是与阔叶树混交，均可提高林地土壤通透性。

二、土壤化学性质

(一) 土壤 pH 值

土壤酶活性的表达及土壤的各种生化反应都是在一定的 pH 值下进行的，因此，土壤 pH 值成为土壤质量评价的一个重要指标。对不同竹林不同层次土壤 pH 值研究表明(表 3-9)：各林分土壤 pH 值在一定程度上随着土层增加而增大，之后又呈现变低的趋势。导致此结果的原因主要与林分根系分布及其改良作用、林地枯落物储量及其分解特性及森林经营利用等相关。

0~20 厘米土壤 pH 值变化范围为 4. 56~4. 75，其中，6 竹 4 阔林的 pH 值最高(4. 75)，杉木林土壤 pH 值次之(4. 73)，8 竹 2 阔林的最低(4. 56)。

表 3-9 土壤化学性质

层次	林分	pH	有机质（克/千克）	全氮（克/千克）	水解氮（毫克/千克）	全磷（克/千克）	有效磷（毫克/千克）	全钾（毫克/千克）	速效钾（毫克/千克）	交换性钙（厘摩/千克）	交换性镁（厘摩/千克）
A_1	CK_S	4.73ab	27.14cBC	0.49cAB	116.76cC	0.07dD	1.23bB	19.77aA	138.60aA	2.72dD	1.24dC
	T_{ZS}	4.57abc	25.38cC	0.34cB	151.1.73aA	0.13cBC	1.05cB	16.51bA	45.75dD	1.56eE	0.81eD
	T_{ZC}	4.71ab	29.82bB	0.52cAB	131.81bB	0.12cC	2.30aA	11.74cB	98.90bB	5.08aA	1.94aA
	T_{ZK1}	4.56bc	34.30aA	0.81abA	126.68bBC	0.13bcBC	1.18bcB	16.42bA	65.85cC	3.00cC	1.69bAB
	T_{ZK2}	4.75a	27.57bcBC	0.60bcAB	116.67cC	0.17abAB	1.24bB	17.51abA	61.00cC	2.86cCD	1.48bcBC
	CK_K	4.58c	37.47aA	0.82aA	154.49 aA	0.21aA	2.34aA	20.29aA	96.00bB	3.31bB	1.38cdBC
	F 值	4.466*	35.099**	6.350*	58.829**	23.016**	80.915**	15.807**	320.395**	607.702**	42.095**
	P 值	0.0481	0.0002	0.0218	0.0001	0.0008	0.0001	0.0021	0.0001	0.0001	0.0001
A_2	CK_S	4.81a	19.21cBC	0.28dC	125.75aA	0.07eE	0.80dC	18.45aAB	114.90aA	1.33eE	0.55bc
	T_{ZS}	4.53a	16.35dD	0.24eD	56.92cC	0.08eDE	0.91cdC	15.64bC	42.65eE	1.10fF	0.28c
	T_{ZC}	4.74a	19.32cBC	0.23eD	93.09bB	0.10dCD	1.34abAB	11.45cD	81.80cC	3.12aA	1.60a
	T_{ZK1}	4.75a	21.19bB	0.51bB	91.09bB	0.12cC	1.02cBC	16.42bBC	55.05dD	2.23cC	1.24ab
	T_{ZK2}	4.52a	18.22cCD	0.32cC	81.32bB	0.14bB	1.04bcBC	16.89bBC	52.50dD	1.1.91dD	0.79ab
	CK_K	4.66a	26.72aA	0.59aA	93.64bB	0.23aA	1.51aA	19.37aA	91.10bB	2.85bB	0.71bc
	F 值	3.548	42.846**	310.327**	48.343**	151.257**	15.235**	47.520**	745.140**	676.927**	6.493*
	P 值	0.0774	0.0001	0.0001	0.0001	0.0001	0.0023	0.0001	0.0001	0.0001	0.0207

（续）

层次	林分	pH	有机质（克/千克）	全氮（克/千克）	水解氮（毫克/千克）	全磷（克/千克）	有效磷（毫克/千克）	全钾（毫克/千克）	速效钾（毫克/千克）	交换性钙（厘摩/千克）	交换性镁（厘摩/千克）
A_3	CK_S	4.50a	12.82cC	0.18cB	57.00cB	0.08dD	0.72bcB	17.89abAB	97.70aA	1.04eD	0.49cdB
	T_{ZS}	4.57a	11.20cC	0.09eC	39.67dC	0.10cC	0.75bB	13.86dC	41.30fE	1.10deD	0.40dB
	T_{ZC}	4.78a	13.49cC	0.12dC	88.43abA	0.10cC	0.66cB	11.23eD	79.70cB	2.30aA	0.76aA
	T_{ZK1}	4.36a	17.25bB	0.21bB	77.46bA	0.10cC	0.66cB	16.06cBC	68.00dC	1.49cC	0.60bcAB
	T_{ZK2}	4.66a	12.18cC	0.20bcB	44.06dBC	0.16bB	0.75bB	16.83bcAB	54.90eD	1.15dD	0.53cdAB
	CK_K	4.66a	20.98aA	0.37aA	96.31aA	0.23aA	1.24aA	18.80aA	89.65bAB	2.11bB	0.74abA
	F 值	1.18	38.987**	213.805**	54.404**	1164.153**	96.004**	41.650**	121.958**	433.655**	10.845**
	P 值	0.4161	0.0002	0.0001	0.0001	0.0001	0.0001	0.0001	0.0001	0.0001	0.0058

注：**，极显著差异；*，显著差异，下同。

方差分析及多重比较表明：常绿阔叶林0~20厘米土壤pH值与毛竹纯林、6竹4阔林和杉木林差异显著，此外，6竹4阔林土壤pH值与8竹2阔林差异显著，其余林分pH值差异不显著。这表明，0~20厘米土层中，6竹4阔林土壤pH值最佳，杉木林和毛竹纯林次之，8竹2阔林、杉竹混交林和常绿阔叶林土壤酸性较低。

20~40厘米土壤pH值变化范围为4.52~4.81，其中杉木林的pH值最高(4.81)，8竹2阔林次之，6竹4阔林最低，但方差分析表明，各林分该层土壤pH值差异不显著。40~60厘米土壤pH值变化范围为4.36~4.78，其中毛竹纯林的最高(4.78)，6竹4阔林和常绿阔叶林的次之(4.66)，8竹2阔林最低，但方差分析结果与各林分20~40厘米土层pH值相同。对不同林分不同层次土壤pH值方差分析表明(表3-10)，各林分土壤pH值差异不显著(F值=0.501，P值=0.7714)，说明这些林分在改善土壤pH值方面差异性不显著。

（二）有机质

有机质是土壤的重要组成部分，尽管土壤有机质只占土壤总重量的很小一部分，但它在土壤肥力、环境保护、农业可持续发展等方面有着很重要的作用和意义，一方面它含有植物生长所需要的各种营养元素，是土壤微生物生命活动的能源，对土壤物理、化学和生物性质都有深远的影响；另一方面，土壤有机质对重金属、农药等各种有机、无机污染物的行为都有显著的影响，而且土壤有机质对全球碳平衡起着重要的作用。因此，土壤有机质成为土壤性质研究的重要内容之一。

对不同试验林分不同土层土壤有机质含量研究表明(表3-9)，各林分土壤有机质含量随土层增加而降低，0~20厘米、20~40厘米和40~60厘米土层土壤有机质含量平均为30.28克/千克、20.17克/千克和14.66克/千克。在0~20厘米土层中，常绿阔叶林和8竹2阔林土壤有机质含量极显著高于其他林分；毛竹纯林土壤有机质含量极显著高于杉竹混交林，还显著高于杉木林，导致此结果的原因主要与各林分年枯落物凋落量、枯落物组成、分解特性及竹林采伐利用等密切相关。常绿阔叶林年凋落量大，且分解迅速，养分归还量大。杉木林虽凋落物年凋落量大，但其凋落物分解缓慢，养分年归还量小，循环速率低。而竹林采伐时只带走竹秆，大量竹枝、竹叶留在林地且分解较迅速，养分归还量较大。

表 3-10　不同类型毛竹林土壤化学性质方差分析及多重比较

指标	0. 05 水平						0. 01 水平						*F* 值	*P* 值
	CK_S	T_{ZS}	T_{ZC}	T_{ZK1}	T_{ZK2}	CK_K	CK_S	T_{ZS}	T_{ZC}	T_{ZK1}	T_{ZK2}	CK_K		
pH	a	a	a	a	a	a	A	A	A	A	A	A	0. 501	0. 7714
有机质	cd	e	c	b	d	a	CD	E	C	B	DE	A	107. 198**	0. 0001
全氮	cd	e	d	b	c	a	BC	D	CD	A	B	A	49. 194**	0. 0001
水解氮	b	c	b	b	c	a	B	C	B	B	C	A	46. 281**	0. 0001
全磷	d	c	c	c	b	a	D	C	C	C	B	A	105. 707**	0. 0001
有效磷	d	d	b	cd	c	a	C	C	B	C	C	A	105. 339**	0. 0001
全钾	a	c	d	b	b	a	A	C	D	BC	B	A	88. 493**	0. 0001
速效钾	a	f	c	d	e	b	A	F	C	D	E	B	615. 121**	0. 0001
交换性钙	e	f	a	c	d	b	E	F	A	C	D	B	1113. 055**	0. 0001
交换性镁	c	d	a	b	c	bc	C	D	A	AB	BC	BC	21. 187**	0. 0001

在 20~40 厘米土层中，常绿阔叶林因年凋落量大，养分归还量大，循环速率高，其土壤有机质含量极显著高于其他林分，为 26. 72 克/千克。8 竹 2 阔林土壤有机质含量极显著高于 6 竹 4 阔林和杉竹混交林，显著高于毛竹纯林和杉木林，为 21. 19 克/千克，杉竹混交林最低，仅为 16. 35 克/千克；40~60 厘米土层中，常绿阔叶林土壤有机质含量极显著高于其他林分，8 竹 2 阔林土壤有机质含量极显著高于除常绿阔叶林以外的林分，其余林分间土壤有机质含量差异不显著。

对不同林分、不同层次土壤有机质含量方差分析表明(表 3-10)，各林分间土壤有机质含量差异极显著。多重比较表明，常绿阔叶林土壤有机质含量极显著高于其他林分，8 竹 2 阔林土壤有机质含量极显著高于常绿阔叶林以外的林分，而杉竹混交林土壤有机质含量极显著低于其余林分，因此，在提高土壤有机质含量方面，各林分优劣次序依次为：$CK_K > T_{ZK1} > T_{ZC} > CK_S > T_{ZK2} > T_{ZS}$。同土壤物理性质相同，产生此结果应与林分组成、毛竹经营及利用方式有关。

(三)氮素

氮是构成一切生命体的重要元素，是土壤生产力的重要限制性因素。土壤氮循环的不平衡将影响其他重要的生物地球化学循环，乃至全球环境变化。因此，土壤氮素研究一直是生物地球化学循环研究的活跃领域之一。

各林分土壤全氮、水解氮含量随土层变化与土壤有机质随土层变化规律相似，即土壤全氮、水解氮含量随土层增加而降低，这与植被对土壤的改良效果随土层增加而减弱密切相关。对0~20厘米土层土壤全氮、水解氮含量研究表明(表3-9)，常绿阔叶林和8竹2阔林土壤全氮含量极显著高于杉竹混交林，显著高于除8竹2阔林以外的林分；8竹2阔林土壤全氮显著高于毛竹纯林、杉竹混交林和杉木林。而常绿阔叶林和杉竹混交林土壤水解氮极显著高于其余林分。杉竹混交林和杉木林土壤水解氮含量极显著低于其他林分，二者之间差异不显著。所以，0~20厘米土层中CK_K土壤有效氮最佳(0.21毫克/千克)，T_{ZS}次之(151.73毫克/千克)，T_{ZK2}的最低(116.67毫克/千克)，这应与林分起源、林地枯落物储量及其分解特性等相关。

对20~40厘米土壤全氮、水解氮含量研究发现，常绿阔叶林全氮含量极显著高于其他林分，为0.59克/千克，8竹2阔林土壤全氮极显著高于除常绿阔叶林以外的其他林分，为0.51克/千克，杉竹混交林土壤全氮极显著低于其他林分，为0.32克/千克。而在水解氮含量方面，杉木林极显著高于其他林分，为125.75毫克/千克，杉竹混交林极显著低于其他林分，为56.92毫克/千克。其他林分间土壤水解氮差异没达到0.05显著水平。

在40~60厘米土层中，CK_K全氮含量极显著高于其他林分，为0.37克/千克，T_{ZC}(0.12克/千克)和T_{ZS}(0.09毫克/千克)土壤全氮含量极显著低于其他林分，其余林分间土壤全氮含量差异不显著。在土壤水解氮方面，除6竹4阔林外，T_{ZS}极显著低于其余林分；CK_K(96.31毫克/千克)、T_{ZC}(88.43毫克/千克)和T_{ZK1}(77.46毫克/千克)极显著高于T_{ZS}和T_{ZK2}，T_{ZK1}显著低于CK_K。

对各林分不同层次土壤全氮、水解氮含量方差分析和多重比较(表3-10)研究表明，常绿阔叶林土壤全氮含量与8竹2阔林差异显著，与其余林分差异极显著，8竹2阔林的与除常绿阔叶林以外的林分差异极显著，杉竹混交林土壤全氮含量极显著低于其他林分；常绿阔叶林土壤水解氮含量极显著高于其他林分，毛竹纯林、8竹2阔林和杉木林土壤水解氮含量与其余林分差异极显著，6竹4阔林和杉竹混交林土壤水解氮含量之间差异不显著。由此可见，在提高土壤氮素方面，常绿阔叶林效果最佳，8竹2阔林次之，杉竹混交林最差。杉竹混交林最低应与其为二代萌芽林、杉木枯落物分解缓慢等有关。

(四)磷素

磷是植物生长发育的必需营养元素之一，参与组成植物体内许多重要化合物，是植物体生长代谢过程不可缺少的，且土壤磷的不同形态尤其是土壤有效磷含量对植物生长发育至关重要。因此，磷素含量及其形态研究成为植物营养与土壤性质研究的重要内容。

对不同林分土壤全磷、有效磷含量研究表明，除个别林分外，0~20厘米土壤全磷、有效磷含量最高，而同一林分20~40厘米土层土壤全磷含量较40~60厘米低，而土壤有效磷较下层高，导致此结果的主要与植被对土壤的改良特性、根系分布及土壤磷的存在特征密切相关。因土壤磷含量主要与土壤母质、植物根活动及微生物活性密切相关，林分根系分布因林分组成而异，从而导致各林分对磷需求的不同，这种影响致使林分土壤微环境产生差异，从而影响各林分土壤磷素含量及其存在形态。

0~20厘米土壤全磷、有效磷方差分析及多重比较表明(表3-9)：常绿阔叶林土壤全磷含量极显著高于其他林分，平均为0.21克/千克，杉木林土壤全磷含量极显著低于其余林分，平均为0.07克/千克，6竹4阔林土壤全磷与杉木林、杉竹混交林差异显著，其全磷含量平均为0.17克/千克；常绿阔叶林和毛竹纯林土壤有效磷含量极显著高于其余林分，分别为2.34毫克/千克和2.30毫克/千克，杉竹混交林土壤有效磷含量极显著低于其他林分，为1.05毫克/千克，其余林分有效磷差异不显著。在20~40厘米土层中，常绿阔叶林土壤全磷极显著高于其他林分，平均为0.23克/千克，6竹4阔林土壤全磷含量极显著高于除常绿阔叶林外的其余林分，平均为0.14克/千克，而杉木林土壤全磷极显著低于其余林分，平均为0.07克/千克；在有效磷方面，常绿阔叶林与毛竹纯林的差异不显著，它们与其余林分差异极显著，分别为1.51毫克/千克和1.34克/千克，杉木林土壤有效磷显著低于其他林分，其大小为0.80毫克/千克。在40~60厘米土壤中，常绿阔叶林土壤全磷、有效磷极显著高于其他林分，大小分别为0.23克/千克和1.24毫克/千克，杉木林全磷极显著低于其他林分，为0.08克/千克，6竹4阔林全磷含量大小仅次于常绿阔叶林为0.16克/千克，与其他林分差异极显著；其有效磷含量(0.75毫克/千克)与毛竹纯林和8竹2阔林差异显著，与杉竹混交林(0.75毫克/千克)和杉木林(0.72毫克/千克)差异没达到显著水平。

不同林分不同土壤全磷和有效磷含量方差分析、多重比较发现（表3-10），常绿阔叶林土壤全磷、有效磷含量极显著高于其他林分，6竹4阔林土壤全磷虽小于常绿阔叶林，但其与其他林分差异极显著，杉木林极显著低于其他林分；毛竹纯林有效磷含量虽仅次于常绿阔叶林，但与其余林分差异显著，杉竹混交林土壤有效磷含量与杉木林差异不显著，但其大小明显小于毛竹纯林、6竹4阔林。因此，在提高土壤磷的有效性方面，$CK_K > T_{ZC} > T_{ZK2} > T_{ZK1} > CK_S > T_{ZS}$。

（五）钾素

钾是植物生长的必需营养元素，是所有活有机体必要的唯一的一价阳离子，它的某些生理功能是其他一价阳离子无法替代的。此外，钾作为影响作物产量和质量的一个重要限制因子，早已成为植物生理学、植物营养学等研究的重要领域。

对不同林分不同土层土壤全钾、速效钾分析发现（见表3-9）：各林分土壤全钾、速效钾含量随土层增加而降低，这说明植被对土壤的改善作用随土层增加而减弱的特点。在0～20厘米土层中，毛竹林土壤全钾含量（11.74克/千克）极显著地低于其他林分，杉竹混交林（16.51克/千克）和8竹2阔林（16.42克/千克）显著低于常绿阔叶林（20.29克/千克）和杉木林（19.77克/千克）；而杉木林速效钾含量（138.60毫克/千克）极显著高于其他林分，常绿阔叶林与毛竹纯林土壤速效钾含量之间差异不显著，但其与其他林分差异极显著，杉竹混交林土壤速效钾含量极显著地低于其他林分，仅为45.75毫克/千克。

在20～40厘米土层中，常绿阔叶林土壤全钾含量最高（19.37克/千克），且其大小极显著高于杉木林（18.45克/千克）以外林分，杉木林土壤全钾含量次之（18.45克/千克），其与毛竹纯林和杉竹混交林土壤全钾含量差异极显著，毛竹纯林的最低（11.45克/千克），极显著低于其他林分；土壤速效钾含量以杉木林最高，为114.90毫克/千克，与其余林分差异极显著。常绿阔叶林次之，与其他林分差异也达0.01水平，杉竹混交林速效钾极显著低于其他林分。

同理可得，在40～60厘米土层中，常绿阔叶林土壤全钾含量（18.80克/千克）最高，其与毛竹纯林、8竹2阔林和杉竹混交林土壤全钾含量差异极显著，杉木林土壤全钾次之，为17.89克/千克，毛竹纯林土壤全钾含量(11.23 克/千克)极显著低于其他林分；杉木林土壤速效钾含量(97.70 毫克/千克)显著高于常绿阔叶林的速效钾含量(89.65 毫克/千克)，极显著高于其余林分的速效钾含量，杉竹混交林土壤速效钾含量(41.30 毫克/千克)极显著低于其他林分。

对不同林分不同层次土壤全钾、速效钾含量方差分析、多重比较可得(表 3-10)，在提高土壤全钾方面：$CK_K = CK_S > T_{ZK2} > T_{ZK1} > T_{ZS} > T_{ZC}$；在提高土壤速效钾方面，$CK_S > CK_K > T_{ZK2} > T_{ZK1} > T_{ZS} > T_{ZC}$。

(六)交换性钙、镁

钙镁是作物必须的中量营养元素，钙是细胞代谢的总调节者，可维持植株正常生长所需要的 pH 值，镁是叶绿素不可缺少的成分，土壤交换性钙、镁含量的多少是反映土壤供钙镁能力的一个重要指标。对不同竹林土壤交换性钙镁含量研究表明(表 3-9)，各林分土壤交换性钙、镁含量呈现随土层增加而降低，产生此结果的原因应与与林地腐殖质含量和根系活性密切相关。

0~20 厘米土壤中，毛竹纯林土壤交换性钙、镁的含量最高，分别为 5.08 厘摩/千克和 1.94 厘摩/千克，且其土壤交换性钙含量极显著高于其余林分，交换性镁含量显著高于 8 竹 2 阔林，极显著高于其余林分；常绿阔叶林土壤交换性钙的含量(3.31 厘摩/千克)仅次于毛竹纯林，与其余林分差异极显著，8 竹 2 阔林土壤交换性镁含量(1.69 厘摩/千克)仅次于毛竹纯林，显著高于常绿阔叶林，极显著高于杉竹混交林和杉木林；杉竹混交林交换性钙镁含量极显著低于其余林分，其大小分别为 1.56 厘摩/千克和 0.81 厘摩/千克。

20~40 厘米土壤中，毛竹纯林土壤交换性钙的含量(3.12 厘摩/千克)极显著高于其余林分，常绿阔叶林(2.85 厘摩/千克)次之，其与其余林分差异极显著，杉竹混交林土壤交换性钙含量极显著低于其他林分；毛竹纯林交换性镁的含量最高(1.60 厘摩/千克)，显著高于杉竹混交林、杉木林和常绿阔叶林土壤交换性镁的含量，8 竹 2 阔林土壤交换性镁含量(1.24 厘摩/千克)次之，与杉竹混交林土壤交换性镁含量差异显著，杉竹混交林土壤交换性镁含量(0.28 厘摩/千克)最低。

同理可得，在 40~60 厘米土壤中，毛竹纯林土壤交换性钙的含量极显著高于其他林分，为 2.30 厘摩/千克。常绿阔叶林土壤交换性钙的含量

(2.11 厘摩/千克)极显著高于其余林分而次之，杉木纯林土壤交换性钙含量最小，其与毛竹纯林、8 竹 2 阔林和常绿阔叶林土壤交换性钙含量差异极显著，与 6 竹 4 阔林差异显著；毛竹林和常绿阔叶林土壤交换性镁含量(0.76 厘摩/千克和 0.74 厘摩/千克)最高，它们都极显著高于杉竹混交林(0.40 厘摩/千克)和杉木林(0.49 厘摩/千克)，杉竹混交林土壤交换性镁含量最低。

对不同林分土壤交换性钙镁含量分析(表 3-10)发现，毛竹纯林土壤交换性钙镁含量最高，其交换性钙含量极显著高于其他林分，常绿阔叶林交换性钙含量极显著高于其余林分而次于毛竹林，杉竹混交林交换性钙含量极显著低于其他林分；毛竹纯林土壤交换性镁内的含量极显著高于除 8 竹 2 阔林以外的试验林分，8 竹 2 阔林土壤交换性镁含量显著高于 6 竹 4 阔林和常绿阔叶林，杉竹混交林土壤交换性镁含量极显著低于其余林分。

三、土壤生物活性

因为土壤酶活性与土壤理化性质和土壤生物数量及生物多样性等密切相关，积极参与土壤中腐殖质的合成与分解，有机物、动植物和微生物残体的水解与转化以及土壤有机、无机化合物的各种氧化还原反应等土壤中一切复杂的生物化学过程(Gianfreda et al., 1995)，所以土壤酶活性常被作为土壤质量的综合生物活性指标(杨晓霞等，2007；曹慧等，2003)。自 19 世纪 80 年代末以来，土壤酶作为土壤质量生物活性指标一直是土壤酶学的研究重点(李勇，1989；李文革等，2006；周礼恺，1987；关松荫等，1986)。本报告着重研究各试验林地土壤过氧化氢酶、蔗糖酶、多酚氧化酶、蛋白酶、脲酶和酸性磷酸酶活性和微生物数量。

(一)过氧化氢酶

过氧化氢酶是在生物呼吸过程中由有机物各种生化反应而形成的。在生物体(包括土壤)中，过氧化氢酶的作用在于破坏对生物体有毒的过氧化氢。其活性的大小表示土壤氧化过程的强度，而土壤氧化过程的强度又表征了土壤有机质合成及其有效性有关的土壤动力学现象(李文革等，2006；周礼恺，1987)，因此，土壤过氧化氢酶活性与土壤有机质转化速度密切相关，无论在何种土壤，其活性都表征了土壤氧化还原能力的特征，故深入研究其活性具有重要意义。

对各林分 0~20 厘米、20~40 厘米和 40~60 厘米土壤过氧化氢酶活性研究表明(表 3-11):各林分土壤过氧化氢酶活性在土层中变化呈现随土壤深度增加而减弱的态势,这一规律与土壤有机质随土层变化规律一致。在 0~20 厘米土层中,6 竹 4 阔林的土壤过氧化氢酶活性最强,为 1.03 毫升/(克干土·24 小时),其极显著高于杉竹混交林[0.96 毫升/(克干土·24 小时)]和常绿阔叶林[0.95 毫升/(克干土·24 小时)],与毛竹纯林、8 竹 2 阔林和杉木林差异不显著,毛竹纯林的[1.02 毫升/(克干土·24 小时)]次之,常绿阔叶林土壤过氧化氢酶活性最低,其活性极显著低于除杉竹混交林以外的林分,与杉竹混交林的差异不显著。

在 20~40 厘米土层中,各林分土壤过氧化氢酶活性差异不显著,但以 8 竹 2 阔林最高,杉木林最低。在 40~60 厘米土壤中,毛竹纯林、8 竹 2 阔林土壤过氧化氢酶活性[0.95 毫升/(克干土·24 小时)和 0.93 毫升/(克干土·24 小时)]极显著高于 6 竹 4 阔林[0.86 毫升/(克干土·24 小时)]、杉竹混交林[0.89 毫升/(克干土·24 小时)]和常绿阔叶林[0.89 毫升/(克干土·24 小时)],与杉木林土壤过氧化氢酶活性差异不显著,8 竹 2 阔林次之,6 竹 4 阔林过氧化氢酶活性最低。

对不同林分土壤过氧化氢酶活性方差分析、多重比较发现(表 3-12),8 竹 2 阔林土壤过氧化氢酶活性最高,其活性与毛竹纯林的差异不显著,与其余林分差异极显著,毛竹纯林的次之,其活性极显著高于杉木林和常绿阔叶林,显著高于杉竹混交林和 6 竹 4 阔林,常绿阔叶林的最低。

(二)蔗糖酶

蔗糖酶与土壤质量状况关系密切,土壤蔗糖酶含量增加有助于土壤中有机质的转化(周礼恺,1987;关松荫等,1986),有利于土壤性质状况的改善和提高。对各试验林分不同土层土壤蔗糖酶活性研究表明(表 3-11),同土壤养分含量和土壤有机质含量一样,各林分土壤蔗糖酶活性随土层增加而降低。

在 0~20 厘米土层中,8 竹 2 阔林土壤蔗糖酶活性[0.18 毫升/(克干土·24 小时)]最高,虽与毛竹纯林和 6 竹 4 阔林差异不显著,但其活性显著高于杉竹混交林、杉木林和常绿阔叶林土壤蔗糖酶活性[0.07 毫升/(克干土·24 小时)、0.06 毫升/(克干土·24 小时)和 0.09 毫升/(克干土·24 小时)],杉木林土壤蔗糖酶活性显著低于两种竹阔混交林;在 20~40

表 3-11　同一土层土壤生物活性及其方差分析、多重比较

层次	林分	过氧化氢酶活性[0.1N $KMnO_4$，毫升/(克干土·24小时)]	蔗糖酶[(0.1$Na_2S_2O_3$，毫升/(克干土·24小时)]	多酚氧化酶[红紫棓精，毫克/(克干土·24小时)]	蛋白酶活性[甘氨酸，毫克/(克干土·24小时)]	脲酶[NH_3-N，毫克/(克干土·24小时)]	酸性磷酸酶[酚，毫克/(克干土·24小时)]	细菌(×10^7个/克干土)	放线菌(×10^6个/克干土)	真菌(×10^4 个/克干土)
A_1	CK_S	0.98abAB	0.06c	0.29cB	0.13cB	0.90eD	1.40a	4.87abAB	0.37dC	0.90bc
	T_{ZS}	0.96bcBC	0.07bc	0.39aA	0.13cB	1.35dC	1.54a	3.75cB	0.95cB	1.11ab
	T_{ZC}	1.02aA	0.12abc	0.15dC	0.13bcB	2.06bAB	1.47a	3.66cB	0.97cB	0.76c
	T_{ZK1}	0.99abAB	0.18a	0.31bcB	0.14bB	2.41aA	1.62a	4.81abAB	1.01cB	0.90bc
	T_{ZK2}	1.03aA	0.14ab	0.33bB	0.13bcB	1.76cB	1.54a	4.10bcB	1.56bA	1.21a
	CK_K	0.95cC	0.09bc	0.33bB	0.16aA	1.64cBC	1.51a	5.58aA	2.19aA	0.80c
	F 值	10.317**	4.896 *	93.718**	15.26**	51.029**	2.609	8.367*	36.407**	7.639*
	P 值	0.0066	0.0394	0.0001	0.0023	0.0001	0.1373	0.0112	0.0002	0.014
A_2	CK_S	0.86a	0.02a	0.26ab	0.10a	0.69c	0.97a	3.62a	0.38c	0.52bB
	T_{ZS}	0.92a	0.08a	0.27ab	0.12a	0.72c	1.51a	3.50a	0.67ab	0.96aA
	T_{ZC}	0.92a	0.05a	0.29a	0.11a	0.92bc	1.54a	2-87a	0.90a	0.55bB
	T_{ZK1}	0.96a	0.04a	0.23bc	0.12a	1.25a	1.63a	3.08a	0.47bc	0.52bB
	T_{ZK2}	0.89a	0.13a	0.20c	0.11a	1.08ab	1.47a	2-55a	0.98a	0.28cC
	CK_K	0.92a	0.05a	0.21c	0.12a	0.94abc	1.13a	4.10a	0.97a	0.42bBC
	F 值	1.047	1.661	7.161 *	2.421	5.860 *	3.506	3.104	8.423*	24.352**
	P 值	0.4691	0.2761	0.01164	0.156	0.0263	0.0793	0.1002	0.011	0.0006

（续）

层次	林分	过氧化氢酶活性 [0.1N $KMnO_4$，毫升/（克干土·24小时）]	蔗糖酶 [（0.1$Na_2S_2O_3$，毫升/（克干土·24小时）]	多酚氧化酶 [红紫棓精，毫克/（克干土·24小时）]	蛋白酶活性 [甘氨酸，毫克/（克干土·24小时）]	脲酶 [NH_3-N，毫克/（克干土·24小时）]	酸性磷酸酶 [酚，毫克/（克干土·24小时）]	细菌（$\times10^7$个/克干土）	放线菌（$\times10^6$个/克干土）	真菌（$\times10^4$个/克干土）
A_3	CK_S	0.92aAB	0.02bc	0.10cC	0.09dD	0.60cdCD	0.45cC	1.68c	0.25b	0.17bC
	T_{ZS}	0.89bBC	0.03b	0.11cC	0.10cCD	0.52dD	1.27bB	2.46bc	0.37b	1.00aA
	T_{ZC}	0.95aA	0.01c	0.29aA	0.11bAB	0.56dCD	1.45aAB	2.53bc	0.46b	0.33bAB
	T_{ZK1}	0.93aA	0.04ab	0.25bB	0.12aA	0.88bB	1.46aAB	2.63b	0.29b	0.15bC
	T_{ZK2}	0.86bC	0.04ab	0.25bB	0.11bABC	0.73cBC	1.41abAB	2.32bc	0.84a	0.85aAB
	CK_K	0.89bC	0.06a	0.33aA	0.11cBC	1.27aA	1.66aA	3.58a	0.55b	0.22bC
	F 值	14.239**	6.772*	83.824**	23.750**	49.730**	60.811**	5.438*	6.286*	15.268**
	P 值	0.0028	0.0187	0.0001	0.0007	0.0001	0.0001	0.0312	0.0223	0.0023

厘米土层中，虽然各林分土壤蔗糖酶活性差异不显著，但此层土壤蔗糖酶活性以6竹4阔林最高，杉竹混交林次之，杉木林最低；在40~60厘米土层中常绿阔叶林土壤蔗糖酶活性显著高于毛竹纯林、杉竹混交林和杉木林土壤蔗糖酶活性[0.01毫升/(克干土·24小时)、0.03毫升/(克干土·24小时)和0.02毫升/(克干土·24小时)]，而与两种竹阔混交林土壤蔗糖酶活性差异不显著，8竹2阔林次之，毛竹纯林土壤蔗糖酶活性显著低于杉木林以外的其余林分。

对不同林分土壤蔗糖酶活性方差分析和多重比较分析发现(表3-12)，整体上，6竹4阔林土壤蔗糖酶活性最高，其活性显著高于毛竹纯林、杉竹混交林和杉木林土壤蔗糖酶活性，8竹2阔林次之，杉木林土壤蔗糖酶活性与杉竹混交林土壤蔗糖酶活性差异不显著，其大小显著低于其余林分。各林分土壤蔗糖酶活性强弱依次为：$T_{ZK2}>T_{ZK1}>CK_K>T_{ZS}>T_{ZC}>CK_S$。

(三)多酚氧化酶

土壤多酚氧化酶是主要来源于土壤微生物、植物根系分泌物及动植物残体分解释放的一种复合性酶(Heribert，2001；张咏梅等，2004)，它能把土壤芳香族化合物氧化成醌，醌与土壤蛋白质、氨基酸、糖类、矿物等物质反应生成大小分子量不等有机质和色素，完成土壤芳香族化合物循环(Toscano et al. 2003；郝建朝等，2006)。林地土壤酚类物质的积累是林地地力衰退的一个原因。因此，研究竹林地土壤多酚氧化酶的活性对于了解不同林地持续生产力、土壤肥力状况及其地力衰退意义重大。

对不同林分不同土层多酚氧化酶活性方差分析表明(表3-11)，各林分土壤多酚氧化酶活性随着土层增加而极显著降低，其原因主要与土壤酚类物质和土壤有机质在土层中的分布、积累有关。

在0~20厘米土壤中杉竹混交林土壤多酚氧化酶活性[0.39毫克/(克干土·24小时)]极显著高于其他林分，常绿阔叶林和6竹4阔林土壤多酚氧化酶活性[0.33毫克/(克干土·24小时)]次之，其多酚氧化酶活性极显著高于毛竹纯林，显著高于杉木林，毛竹纯林土壤多酚氧化酶活性极显著低于其他林分；在20~40厘米土壤中，毛竹纯林土壤多酚氧化酶活性[0.29毫克/(克干土·24小时)]最强，其活性显著高于6竹4阔林和常绿阔叶林，杉竹混交林次之，为0.27毫克/(克干土·24小时)，竹阔混交林中6竹4阔林最低，为0.20毫克/(克干土·24小时)，其显著低于毛竹纯林、杉竹混交林和杉木林；在 40～60 厘米土层中，常绿阔叶林土壤多酚氧化酶活性[0.33 毫克/(克干土·24 小时)]极显著高于毛竹林以外的林分，其次是毛竹纯林，杉木林最弱。

整体来看(表 3-12)，各林分土壤多酚氧化酶活性强弱依次为：$CK_K > T_{ZK1} > T_{ZK2} > T_{ZS} > T_{ZC} > CK_S$。这说明，8 竹 2 阔林在防止林地土壤分类物质积累方面虽较常绿阔叶林弱，但优于其余林分，杉木林效果最差，这可能是杉木林地力衰退的一个原因。而毛竹纯林土壤多酚氧化酶活性虽较杉木林强，但较其余竹林弱，对此应加以重视，适当调整林分树种结构，防止因土壤酚类物质的积累而引起竹林地地力衰退的发生。

(四)蛋白酶活性

蛋白酶参与土壤中氨基酸、蛋白质以及其他含蛋白质氮的有机化合物的转化，其水解产物是高等植物的氮源之一(周礼恺，1987)。蛋白酶活性与土壤有机质含量、氮素及其他土壤性质有关，因此，研究不同竹林土壤蛋白酶活性对研究其土壤性质状况具有深刻的意义。

对各试验林分 0～60 厘米土壤中蛋白酶活性研究(表 3-11)发现，土壤蛋白酶活性随土层增加而减弱，其原因应与土壤有机质、土壤养分含量及土壤微生物等有关。在 0～20 厘米土层中，常绿阔叶林土壤蛋白酶活性[0.16 毫克/(克干土·24 小时)]极显著强于其他林分，8 竹 2 阔林土壤蛋白酶活性[0.14 毫克/(克干土·24 小时)]次之，其酶活性显著高于杉竹混交林和杉木林土壤蛋白酶活性，杉木林土壤蛋白酶活性最低，为 0.13 毫克/(克干土·24 小时)。

在 20～40 厘米土壤中，各试验林分土壤蛋白酶活性差异不显著，但在 40～60 厘米土壤中，8 竹 2 阔林土壤蛋白酶活性[0.12 毫克/(克干土·24 小时)]极显著高于杉竹混交林、杉木林和常绿阔叶林，与其余林分差异不显著，毛竹纯林次之，其蛋白酶活性[0.11 毫升/(克干土·24 小时)]与杉竹混交林、杉木林和常绿阔叶林土壤蛋白酶活性，杉木林土壤蛋白酶活性[0.09 毫克/(克干土·24 小时)]极显著低于杉竹混交林以外的林分。

整体分析发现(表 3-12)，8 竹 2 阔林土壤蛋白酶活性极显著高于 6 竹 4 阔林、杉竹混交林和杉木林。常绿阔叶林土壤蛋白酶活性极显著高于 6 竹 4 阔林和杉木林毛竹林，显著高于杉竹混交林。杉木林土壤酶活性极显著低于6竹4阔林以外的试验林分。各林分土壤蛋白酶活性强弱次序依次为 $T_{ZK1}>CK_K>T_{ZC}>T_{ZS}>T_{ZK2}>CK_S$。

表3-12　不同类型毛竹林土壤生物活性方差分析和多重比较

指标	0.05水平						0.01水平						*F*值	*P*值
	CK_S	T_{ZS}	T_{ZC}	T_{ZK1}	T_{ZK2}	CK_K	CK_S	T_{ZS}	T_{ZC}	T_{ZK1}	T_{ZK2}	CK_K		
过氧化氢酶	b	b	a	a	b	b	C	BC	AB	A	BC	C	5.556**	0.0029
蔗糖酶	c	bc	bc	ab	a	ab	A	A	A	A	A	A	4.223*	0.0103
多酚氧化酶	d	bc	c	b	b	a	D	BC	C	B	BC	A	19.838**	0.0001
蛋白酶	d	bc	ab	a	c	a	D	BC	ABC	A	CD	AB	10.306**	0.0001
脲酶	e	d	c	a	c	b	D	D	C	A	BC	AB	55.964**	0.0001
酸性磷酸酶	b	a	a	a	a	a	B	A	A	A	A	A	23.736**	0.0001
细菌	bc	bc	c	b	c	a	B	B	B	B	B	A	12-137**	0.0001
放线菌	d	bc	b	c	a	a	C	B	B	B	A	A	36.706**	0.0001
真菌	c	a	c	c	b	c	C	A	C	C	B	C	24.814**	0.0001

（五）脲酶

脲酶是一种水解性酶，将有机物水解生成氨和 CO_2，而氨是林木氮素营养的直接来源（周礼恺，1987）。因此，脲酶活性的高低与土壤营养物质转化能力、肥力水平、污染状况密切相关。在此对不同竹林土壤脲酶活性进行研究，旨在探讨不同竹林土壤性质和竹林生态经营。

对各试验林分土壤脲酶活性研究表明（表3-11）：同一土层，各林分土壤脲酶活性变化较大，在0~20厘米土壤中，8竹2阔林土壤脲酶活性最强，其活性[2.41毫克/（克干土·24小时）]显著优于毛竹纯林土壤脲酶活性[2.06毫克/（克干土·24小时）]，其活性极显著优于其余林分，6竹4阔林土壤脲酶活性[1.76毫克/（克干土·24小时）]极显著高于杉竹混交林和杉木林，杉木林土壤脲酶活性极显著劣于其他林分。因此，此层各林分土壤脲酶活性优劣次序依次为：$T_{ZK1}>T_{ZC}>T_{ZK2}>CK_K>T_{ZS}>CK_S$。

20~40厘米土层中（表3-11），8竹2阔林土壤脲酶活性[1.25毫克/（克干土·24小时）]显著高于常绿阔叶林除外的其余林分，6竹4阔林次之，显著高于杉竹混交林和杉木林土壤脲酶活性，杉木林土壤脲酶活性最低，其活性与毛竹纯林、杉竹混交林和常绿阔叶林差异不显著，与其余林分差异显著；在 40~60 厘米土壤中，常绿阔叶林土壤脲酶活性[0.127 毫克/(克干土·24 小时)]最强，其活性极显著高于其他林分，8 竹 2 阔林土壤脲酶活性[0.88 毫克/(克干土·24 小时)]次之，其酶活性与 6 竹 4 阔林差异显著，与其余林分差异极显著，而杉木林土壤脲酶活性[0.52 毫克/(克干土·24 小时)]与常绿阔叶林、8 竹 2 阔林和 6 竹 4 阔林土壤脲酶活性差异极显著，与其余林分差异不显著。

对不同层次土壤脲酶活性分析(表 3-11)发现，不同层次各林分土壤脲酶活性优劣次序不一致，对各林分土壤脲酶活性方差分析和多重比较得各林分土壤脲酶活性大小次序依次为：$T_{ZK1}>CK_K>T_{ZK2}>T_{ZC}>T_{ZS}>CK_S$。

(六)酸性磷酸酶

土壤酸性磷酸酶主要来源于植物、动物及微生物，在土壤磷循环中起重要作用。其活性高低直接影响土壤有机磷的分解、转化及其生物有效性，土壤酸性磷酸酶活性与土壤有机磷、土壤 pH 值等密切相关(周礼恺，1987)，本报告开展土壤酸性磷酸酶活性研究，旨在探讨不同竹林土壤性质状况和竹林生态经营。

对 0~20 厘米和 20~40 厘米土层土壤酸性磷酸酶活性分析发现(表 3-11)，各林分 0~20 厘米和 20~40 厘米土壤酸性磷酸酶差异未达显著水平，但均以 8 竹 2 阔林土壤酸性磷酸酶活性最强，分别为 1.62 毫克/(克干土·24 小时)和 1.63 毫克/(克干土·24 小时)，杉木混交林酸性磷酸酶活性最低，分别为 1.40 毫克/(克干土·24 小时)和 0.97 毫克/(克干土·24 小时)。

在 40~60 厘米土壤中，常绿阔叶林酸性磷酸酶活性[1.66 毫克/(克干土·24 小时)]极显著高于杉竹混交林和杉木林，与毛竹纯林、8 竹 2 阔林和 6 竹 4 阔林差异不显著。杉木林酸性磷酸酶活性[0.45 毫克/(克干土·24 小时)]极显著低于其他林分。8 竹 2 阔林酸性磷酸酶活性虽然与杉木林差异极显著，与其余林分差异不显著，但其活性仅次于常绿阔叶林，为 1.46 毫克/(克干土·24 小时)。

由上可知，不同层次土壤酸性磷酸酶活性优劣次序不尽相同，对不同林分土壤酸性磷酸酶活性方差分析和多重比较发现(表 3-12)，杉木林土壤酸性磷酸酶活性极显著低于其他林分，其余林分之间差异不显著，但以 T_{ZK1} 最强，其后依次为：CK_K、T_{ZK2}、T_{ZC}、T_{ZS} 和 CK_S。

(七)土壤微生物

土壤微生物是土壤的重要组成部分，是土壤有机质和土壤养分(N、C、P等)转化和循环的主要动力，它参与土壤有机质分解、腐殖质形成等生化过程。另外，又是土壤养分的储备库和植物生长可利用养分的一个重要来源，并能改善和调节植物营养状况，促进植物生长，是土壤性质水平的活性指标，在土壤生态系统中起着非常重要的作用(周丽霞和丁明懋，2007)。

对各试验林分土壤细菌、放线菌和真菌数量研究表明(表3-11)，各林分细菌数量最多，占土壤微生物总数96.2%以上，放线菌数量次之，真菌数量最少；各林分土壤细菌、放线菌和真菌数量随土壤深度增加而减少。

在0~20厘米土壤中，常绿阔叶林土壤细菌数量(5.58×10^7个/克干土)极显著高于毛竹纯林、6竹4阔林和杉竹混交林，杉木林(4.87×10^7个/克干土)次之，其土壤细菌数量显著高于毛竹纯林和杉竹混交林，毛竹纯林土壤细菌数最低，仅为3.66×10^7个/克干土；常绿阔叶林放线菌数量(2.19×10^6个/克干土)显著高于6竹4阔林(1.56×10^6个/克干土)，极显著高于其余林分，故其土壤放线菌数量最多，其次为6竹4阔林，其土壤放线菌数量极显著高于其余林分，杉木纯林的最低，为0.37×10^6个/克干土；放线菌数量以6竹4阔林最多，其数量(1.21×10^4个/克干土)除与杉竹混交林的差异不显著外，显著高于其余林分，杉竹混交林的次之，其真菌数量(1.11×10^4个/克干土)显著高于毛竹纯林和常绿阔叶林，毛竹纯林数量最低，仅为0.76×10^4个/克干土。

同理，在20~40厘米土壤中，虽各林分土壤细菌数量差异不显著，但以常绿阔叶林最高，为4.10×10^7个/克干土，杉木林次之，为3.62×10^7个/克干土，6竹4阔林最低，为2.55×10^7个/克干土；各林分土壤放线菌数量差异显著，其中以6竹4阔林最高，其数量显著高于8竹2阔林和杉木林，常绿阔叶林次之，杉木纯林最低，为0.38×10^6个/克干土；真菌数量以杉竹混交林最高，为0.96×10^4个/克干土，毛竹纯林次之，为0.55×10^4个/克干土，6竹4阔林的最低。40~60厘米土层中，方差分析表明，各林分土壤细菌、放线菌数量差异显著，真菌数量差异极显著，土壤细菌数量以常绿阔叶林最高，为3.58×10^7个/克干土，8竹2阔林次之，为2.63×10^7个/克干土杉木林的最低，为1.68×10^7个/克干土；土壤放线菌数量以 6 竹 4 阔林最多，为 0.84×10^6 个/克干土，常绿阔叶林次之，为 0.55×10^6 个/克干土，杉木林最低，为 0.25×10^6 个/克干土；

以上可以得出不同层次，各林分土壤细菌、放线菌和真菌数量优劣次序不一致。对不同林分不同层次土壤微生物数量进行方差分析，结果表明（表 3-12）（未考虑不同土层间的差异）：各林分土壤细菌、放线菌和真菌数量差异达极显著水平，多重比较得各林分土壤细菌、放线菌和真菌数量由高至低依次为 $CK_K>T_{ZK1}>CK_S>T_{ZS}>T_{ZC}>T_{ZK2}$；$CK_K>T_{ZK2}>T_{ZC}>T_{ZS}>T_{ZK1}>CK_S$；$T_{ZS}>T_{ZK2}>T_{ZC}>CK_S>T_{ZK1}>CK_K$。由上可知，有毛竹的林分土壤真菌数量较常绿阔叶林高，侧面证明了竹林适合真菌生长的结论。

四、土壤性质评价

（一）土壤分形维数

土壤微团聚体是由有机无机复合体经过多次聚合而形成的小的微团聚体通过多种方式进一步集合，以不同粒级微团聚体形式组合而成的团聚体。土壤微团聚体具有保持和自动调节土壤水、肥、气、热和影响土壤生物活性等多种功能，其组成影响着土壤养分的吸持和释放，是土壤肥力的一个重要特征（沈慧等，2000），不同粒级的微团聚体在营养元素的保持、供应、释放及转化等能力方面发挥着不同的作用。土壤微团聚体及其适宜的组合是土壤肥力的物质基础（陈恩凤等，2001），陈恩凤等（1991，1994）用“特征微团聚体”来定量评价土壤肥力水平与培肥效果。而土壤肥力水平的数量化划分，即土壤肥力等级的判别不仅能使我们更加了解土壤的本质、更好地利用土壤资源，而且对于精准农业有实际的指导意义，但目前国内外尚没有一个能反映土壤本质特性的、综合的土壤肥力指标。有关土壤团粒结构或颗粒结构分形维数与土壤理化性质和酶活性等的关系研究表明，分形维数在表征土壤肥力方面具有较好的效果（刘金福和洪伟，2001；苏永中和赵哈林，2004）。目前对土壤微团聚体分形特征及其分形维数表征土壤肥力方面的报道较少，尤其未见有关用土壤微团聚体分形特征研究竹林土壤性质的报道。

本报告应用杨培岭等（1993）提出的用粒径的重量分布表征的土壤分形模型来计算土壤颗粒的分形维数。土壤颗粒质量分布与平均粒径的分形关系式为：

$$(\bar{d}_i/\bar{d}_{max})3-D = W(\delta<\bar{d}_i)/W_0 \quad (3-1)$$

式中：$\bar{d}_i$——二筛分粒级 d_i 与 d_{i+1} 间粒径的平均值（毫米）；

$\bar{d}_{max}$——最大粒级土粒的平均直径（毫米）；

$W(\delta<\bar{d}_i)$——小于 $\bar{d}_i$ 的累积土粒质量（克）；

W_0——土壤各粒级重量的总和（克）。

由式（3-1）可知式中各土壤颗粒的粒径及小于某一粒径土壤质量可通过土壤微团聚体分析确定，然后分别以 $\lg(w_i/w_0)$、$\lg(\bar{d}_i/\bar{d}\max)$ 为纵、横坐标，（$3-D$）为线性拟合方程的斜率，D 为土壤微团聚体分形维数。

1. 土壤微团聚体分形特征

土壤分形维数是反映土壤结构几何形状的参数，表现出黏粒含量越高、质地越细、分形维数越高。除黏粒含量对土壤颗粒粒径分布的分形特征影响很大外，单一粒级的含量对分形维数数值也会产生重要的影响（吴承祯和洪伟，1999）。各林分 0~20 厘米、20~40 厘米和 40~60 厘米土层土壤微团聚体分形维数在 2.1677~2.4651（表 3-13）。对各粒级含量 X 与分形维数 D 进行相关分析发现，分形维数 D 与 2~0.25 毫米颗粒含量极显著负相关，与 0.05~0.01 毫米颗粒含量显著负相关，与 0.25~0.05 毫米、0.01~0.005 毫米和<0.001 毫米颗粒含量极显著正相关。土壤分形维数 D 与极显著和显著相关的颗粒含量的回归方程为：2~0.25 毫米，$D = 2.6253 - 0.0077X$（$r = -0.8002^{**}$，$p=0.0001$）；0.25~0.05 毫米，$D = 2.2227 + 0.0043X$（$r = 0.5974^{**}$，$p=0.0088$）；0.05~0.01 毫米，$D = 2-4531-0.0034X$（$r = -0.5044^{*}$，$p=0.0328$）；0.005~0.001 毫米，$D = 2.3475-0.0123X$（$r = +0.6568^{**}$，$p=0.0031$；<0.01 毫米，$D = 2.2488 + 0.00834X$（$r = -0.9383^{**}$，$p=0.0000$）。

由于分形维数与>0.25 毫米和<0.01 毫米颗粒含量的相关系数最高，符号相反，即各林分<0.01 毫米粒级含量越高分形维数越大，>0.25 毫米粒级含量越高分形维数越小。鉴于此，对各林分各土层>0.25 毫米与<0.001 毫米粒级含量的比值（>0.25 毫米）/（<0.001 毫米）与分形维数 D 相关分析发现，分形维数 D 与该比值呈现极显著负相关关系，回归分析得其线性拟合方程为：$D = 2.3195 + 0.0131X$（$r = -0.9399^{**}$，$p = 0.0000$）。

表 3-13 土壤微团聚体组成

%

林分	层次	2~0.25 毫米	0.25~0.05 毫米	0.05~0.01 毫米	0.01~0.005 毫米	0.005~0.001 毫米	<0.001 毫米	分形维数	R^2
CK_S	A_1	23.67	54.90	8.17	8.16	3.06	2-04	2.4132	0.971
	A_2	25.92	52.31	12.33	4.08	3.24	2.12	2.4173	0.982
	A_3	27.65	44.82	16.33	5.04	3.64	2.52	2.4414	0.976
T_{ZS}	A_1	26.84	51.73	1.03	9.18	9.18	2.04	2.4584	0.915
	A_2	26.94	47.67	4.08	9.17	10.02	2.12	2.4637	0.906
	A_3	19.29	41.94	13.31	11.23	11.92	2.31	2.4651	0.882
T_{ZC}	A_1	35.20	41.33	10.20	9.18	3.06	1.03	2.3426	0.944
	A_2	28.16	43.27	5.10	17.35	4.08	2.04	2.4284	0.922
	A_3	24.00	40.01	10.77	17.56	5.02	2.64	2.4568	0.919
T_{ZK1}	A_1	39.23	35.49	17.08	5.18	1.98	1.04	2.3263	0.965
	A_2	30.20	46.29	11.22	7.00	3.14	2.15	2.4252	0.973
	A_3	29.02	41.12	13.27	10.08	4.16	2.35	2.4412	0.953
T_{ZK2}	A_1	32.69	39.65	20.44	3.06	3.14	1.02	2.3268	0.970
	A_2	30.20	41.01	20.26	3.33	3.16	2.04	2.4093	0.976
	A_3	22.14	33.74	31.31	6.12	4.18	2.51	2.4287	0.950
CK_K	A_1	38.45	28.98	22.47	7.18	1.92	1.00	2.3167	0.945
	A_2	35.76	30.96	21.08	8.00	3.04	1.16	2.3474	0.940
	A_3	26.73	34.52	24.24	9.27	4.02	1.22	2.3513	0.927

由表 3-13 可知，各林分土壤分形维数随土层的增加而增大。各林分 0~20 厘米土层土壤微团聚体分形维数大小排序为：CK_K(2.3167)<T_{ZK1}(2.3263)<T_{ZK2}(2.3268)<T_{ZC}(2.3426)<CK_S(2.4132)<T_{ZS}(2.4584)。20~40 厘米土层土壤微团聚体分形维数大小次序为：CK_K(2.3474)<T_{ZK2}(2.4093)<CK_S(2.4173)<T_{ZK1}(2.4252)<T_{ZC}(2.4284)<T_{ZS}(2.4637)。40~60 厘米土层土壤微团聚体分形维数大小次序为：CK_K(2.3513)<T_{ZK2}(2.4287)<T_{ZK2}(2.4412)<CK_S(2.4414)<T_{ZC}(2.4568)<T_{ZS}(2.4651)。综合来看，各林分 0~60 厘米土层土壤微团聚体分形维数平均大小依次为：CK_K<T_{ZK2}<T_{ZK1}<T_{ZC}<CK_S<T_{ZS}，导致此结果的原因应该与林分结构、林地枯落物储量、组成及其分解特性和森林对林地的培肥特性密切相关。常绿阔叶林枯落物年归还量最大，且分解迅速，养分周转快，林地腐殖质丰富，对林地的培肥效果最好，故其土壤分形维数最小。杉竹混交林因其为幼龄林，养分需求量大，且毛竹混交比例少，加之杉木枯落物分解缓慢，

养分归还量小(刘凯昌和曾天勋，1990)，土壤质量最差，故其土壤分形维数最大。6竹4阔林因阔叶树所占比例较大，林地枯落物储量较大，分解迅速，对林地的培肥效果较佳，故分形维数在有毛竹的林分中最低。

2. 土壤微团聚体分形维数与土壤指标的关系

土壤肥力是土壤的本质属性和特殊功能，它反映了土壤系统本身的物质成分、结构和土体构型，以及土壤各种过程和性质。土壤微团聚体直接影响到土壤的理化及生物学性质，进一步反映在土壤性质状态上。土壤微团聚体分形维数可以表征土壤理化性及及土壤酶活性，反映土壤微生物数量的多寡，为利用土壤微团聚体分形维数表征土壤肥力的优劣提供可行性。

(1)与土壤物理性质的关系。鉴于前文已分析了微团聚体分形维数与土壤颗粒组成的关系，在此仅分析0~20厘米、20~40厘米和40~60厘米土层土壤微团聚体分形维数与土壤容重、总孔隙度、毛管孔隙度和非毛管孔隙度的关系。相关分析表明(表3-14)，土壤微团聚体分形维数与容重极显著正相关，与土壤总孔隙度和非毛管孔隙度显著负相关，与毛管孔隙度含量显著负相关。说明土壤分形维数随土壤容重的增加而增大，随总孔隙度、毛管孔隙度和非毛管孔隙度的减小而增加。这一结论与龚伟等(2007)研究相似。在此基础上对分形维数与各物理指标回归分析，得出土壤分形维数分别与土壤容重、总孔隙度和毛管孔隙度线性拟合回归方程分别为：$D = 1.9419 + 0.3806X$($r = 0.6151^{**}$，$P = 0.0066$)、$D = 2.9888 - 0.0111X$($r = -0.6848^{**}$，$P = 0.0017$)和$D = 32.9814 - 0.0125X$($r = -0.5944^{**}$，$P = 0.0093$)，各拟合方程检验均达极显著，表明土壤微团聚体分形维数可较好地表征土壤物理性质。

(2)与土壤化学性质的关系。土壤化学性质是土壤性质的重要指标，在此仅探讨0~20厘米、20~40厘米和40~60厘米土层土壤微团聚体分形维数与土壤有机质、全氮、水解氮、全磷、有效磷、全钾和有效钾养分含量的关系。对上述指标相关分析表明(表3-14)，土壤分形维数与土壤有机质、全磷、全氮和有效磷含量存在极显著负线性相关，与水解氮含量存在显著负线性相关，说明土壤分形维数随土壤有机质、全磷、全氮、有效磷和水解氮含量的增加而减小。进一步回归分析得土壤分形维数分别与土壤有机质、全磷、全氮有效磷和水解氮养分含量的回归方程：有机质，$D = 2.5187 - 0.0053X$($r = -0.7734^{**}$，$P = 0.0002$)；全磷，$D = 2.5042 -$

0.7761X(r=−0.7583**，P=0.0003)；全氮，D=2.4773−0.1925X(r=−0.80773**，P=0.0001)；有效磷，D=2.4935−0.0783X(r=−0.7329**，P=0.0016)；水解氮，D=2.4775−0.0007X(r=−0.5000*，P=0.0350)，且各回归方程均达极显著或显著水平，说明土壤分形维数表征土壤化学性质效果较好。

表 3-14　土壤分形维数与土壤性质指标的关系

土壤性质指标	拟合回归方程	相关系数	*P*
容重	D=1.9419+0.3806X	0.6151**	0.0066
总孔隙度	D=2.9888−0.0111X	−0.6848**	0.0017
毛管孔隙度	D=2.9814−0.0125X	−0.5944**	0.0093
有机质	D=2.5187−0.0053X	−0.7734**	0.0002
全磷	D=2.5042−0.7761X	−0.7584**	0.0003
全氮	D=2.4773−0.1925X	−0.8077**	0.0001
水解氮	D=2.4775−0.0007X	−0.5000*	0.0350
有效磷	D=2.4935−0.0783X	−0.7329**	0.0005
过氧化氢酶	D=2.8758−0.5050X	−0.4724*	0.0478
蔗糖酶	D=2.4597−0.8253X	−0.7356**	0.0005
蛋白酶	D=2.6664−2.2128X	−0.6896**	0.0015
脲酶	D=2.4936−0.0801X	−0.8205**	0.0000
细菌	D=2.5175−0.0333X	−0.6440**	0.0039
放线菌	D=2.4691−0.0835X	−0.7778**	0.0001

(3)与土壤生物活性的关系。土壤生物活性是土壤肥力指标中最活跃的影响因子，土壤微生物是土壤生态系统的重要组份之一，几乎所有的土壤过程都直接或间接地与土壤微生物有关(周丽霞和丁明懋，2007)；而土壤酶活性是土壤中的生物催化剂，在森林生态系统中的物质循环和能量流动过程中扮演着重要的角色(Gianfreda et al.，1995)。在此仅探讨0~20厘米、20~40厘米和40~60厘米土层土壤分形维数与6种土壤酶活性(过氧化氢酶、蔗糖酶、多酚氧化酶、蛋白酶、脲酶和酸性磷酸酶)和生物数量(细菌、放线菌和真菌)的关系。同理，相关分析表明(表3-14)，土壤分形维数与蔗糖酶、蛋白酶和脲酶活性、细菌和放线菌数量极显著负相关，与土壤过氧化氢酶活性存在显著负相关。在此基础上进行回归分析得与分形维数极显著或显著相关的生物活性因子的拟合方程：过氧化氢酶，D=

2.8758-0.5050X（r=-0.4724*，P=0.0478）；蔗糖酶，D=2.4597-0.8253X（r=-0.7356**，P=0.0005）；蛋白酶，D=2.6664-2.2128X（r=-0.6896**，P=0.0015）；脲酶，D=2.4936-0.0801X（r=-0.8205**，P=0.0000）；细菌，D=2.5175-0.0333X（r=-0.6440**，P=0.0039）；放线菌，D=2.4691-0.0835X（r=-0.7778**，P=0.0001）。对各拟合方程检验表明，各拟合方程均达极显著或显著水平。这表明，土壤分形维数随土壤蔗糖酶、蛋白酶和脲酶活性的增强而减小，随土壤细菌、放线菌数量的减少而极显著增大。同时说明土壤微团聚体分形维数可较好地表征土壤酶活性强度，反应土壤微生物数量的多寡。

（二）土壤其他指标与土壤酶活性关系

1. 因子分析

由于土壤酶活性与土壤理化性质和土壤生物数量等密切相关，且积极参与土壤中腐殖质的合成与分解，有机物、动植物和微生物残体的水解与转化以及土壤有机、无机化合物的各种氧化还原反应等土壤中一切复杂的生物化学过程，土壤酶活性常被作为土壤质量的综合生物活性指标，故在此对土壤酶活性与土壤性质指标进行相关分析，结果见表3-15。

表3-15 土壤酶活性与土壤理化性质、土壤生物活性相关系数

指标	过氧化氢酶	蔗糖酶	多酚氧化酶	蛋白酶	脲酶	酸性磷酸酶
最大持水量	0.4584	0.5005*	0.3428	0.7044**	0.6743**	0.4496
毛管持水量	0.3929	0.4622	0.2765	0.6392**	0.6369**	0.4910*
田间持水量	0.4761*	0.4113	0.2505	0.6684**	0.6348**	0.4941*
容重	-0.5111*	-0.4291	-0.2706	-0.6847**	-0.6548**	-0.3314
总孔隙度	0.3828	0.4905*	0.4091	0.6737**	0.6149**	0.5518*
毛管孔隙度	0.1303	0.3054	0.2151	0.3779	0.3825	0.5643*
非毛管孔隙度	0.4208	0.3795	0.3616	0.5685*	0.4754*	0.1713
pH值	0.1509	-0.1404	0.1954	-0.0448	0.0290	0.1078
有机质	0.6452**	0.6665**	0.4502	0.8817**	0.8343**	0.3609
全氮	0.5868*	0.6821**	0.3564	0.8274**	0.8227**	0.3239
水解氮	0.5509*	0.4328	0.5902**	0.7064**	0.6732**	0.2936
全磷	0.0000	0.2680	0.2867	0.3762	0.3699	0.2966
有效磷	0.4740*	0.4684*	0.1211	0.6947**	0.6444**	0.2698
全钾	-0.1451	0.0726	0.2180	0.2448	0.0571	-0.2109
速效钾	0.1074	-0.1812	-0.0134	0.0648	-0.0038	-0.3587
交换性钙	0.6843**	0.5116*	0.1063	0.5925**	0.7038**	0.3604

（续）

指标	过氧化氢酶	蔗糖酶	多酚氧化酶	蛋白酶	脲酶	酸性磷酸酶
交换性镁	0.7482**	0.6119**	0.2359	0.6135**	0.8003**	0.4327
细菌	0.4869*	0.5190*	0.5675*	0.8496**	0.6234**	0.3852
放线菌	0.3651	0.5961**	0.4138	0.7475**	0.6022**	0.3596
真菌	0.4176	0.4188	0.3170	0.4764*	0.3552	0.3334
过氧化氢酶	1.0000	0.5615*	0.2307	0.6340**	0.6964**	0.3272
蔗糖酶	0.5615*	1.0000	0.2526	0.6084**	0.8516**	0.4598
多酚氧化酶	0.2307	0.2526	1.0000	0.5550*	0.3307	0.6104**
蛋白酶	0.6340**	0.6084**	0.5550*	1.0000	0.7264**	0.5722*
脲酶	0.6964**	0.8516**	0.3307	0.7264**	1.0000	0.4805*
酸性磷酸酶	0.3272	0.4598	0.6104**	0.5722*	0.4805*	1.0000

注：**，极显著差异；*，显著差异。

土壤容重与所有土壤酶活性呈负相关。土壤酸性磷酸酶活性与土壤毛管持水量、田间持水量、总孔隙度、毛管孔隙度显著相关。多酚氧化酶与土壤全氮极显著正相关，与细菌数量显著正相关。其余土壤酶活性与土壤理化性质和土壤微生物数量众多指标呈极显著或显著相关关系。具体为：过氧化氢酶活性与土壤有机质、交换性钙和交换性镁含量极显著正相关，与田间持水量、全氮含量、水解氮含量、有效磷含量和细菌数量显著正相关，与土壤容重显著负相关(r=-0.5111)；蔗糖酶活性与土壤有机质含量、全氮含量、交换性镁含量和放线菌数量极显著正相关，与土壤最大持水量、总孔隙度、有效磷含量和交换性钙含量显著相关；酸性磷酸酶活性与土壤毛管持水量、田间持水量、总孔隙度和毛管孔隙度显著正相关，这表明土壤酶活性在一定程度上可以表征土壤性质状况；蛋白酶活性和脲酶活性与土壤最大持水量、毛管持水量、田间持水量、土壤容重、总孔隙度、土壤有机质含量、全氮含量、有效磷、细菌数量和放线菌数量呈极显著相关，与土壤非毛管孔隙度显著相关，蛋白酶活性还与土壤真菌数量显著相关。此外蛋白酶活性与过氧化氢酶、蔗糖酶和脲酶活性极显著相关，与多酚氧化酶活性显著相关，脲酶活性除与多酚氧化酶活性没有达显著相关外，与其余土壤酶活性极显著相关，过氧化氢酶活性还与蔗糖酶酸性磷酸酶活性显著相关，这表明土壤酶在酶促土壤有机质转化、参与土壤生态系统物质循环和能量流动过程中，虽有较强的专一性，但同时也存在共性关系。这一结果说明用土壤蛋白酶和脲酶的活性作为评价土壤性质指标具有一定的可靠性。

2. 通径分析

相关分析两个变量之间的简单相关系数，往往不能正确地说明这两个变量之间的真正关系，因为在多个变量的反应系统中，任意两个变量的线性相关关系，都会受到其他变量的影响，因此，要想探求两个变量之间的线性相关关系，就必须对其做通径分析和多元回归分析。多元回归方程能描述随机变量在多个回归因子中的平均变化规律，通径分析则是标准化的多元线性回归分析。将脲酶、酸性磷酸酶活性与土壤性质因子（与土壤蛋白酶和酸性磷酸酶活性达显著或极显著相关的土壤性质因子）的测定结果进行回归，得到两个标准多元回归：

$$A = 0.9362 + 9.2608X_1 + 3.7065X_2 - 0.5553X_3 - 6.133X_4 - 7.1882X_5 + 2.4535X_6 - 0.9366X_7 - 2.6515X_8 + 0.7581X_9 + 0.5472X_{10} + 1.4214X_{11} - 0.6562X_{12} + 0.4147X_{13} + 0.8022X_{14} + 0.7097X_{15}$$

$$U = -1.5567 - 12.8022X_1 + 11.5917X_2 - 1.6934X_3 + 0.5242X_4 + 0.0183X_5 + 3.2042X_6 + 0.1521X_7 + 1.4295X_8 + 0.4122X_9 - 0.813X_{10} - 0.7419X_{11} + 1.4523X_{12} - 0.3414X_{13} - 0.8401X_{14} + 0.2118X_{15}$$

其中，A、U 为归一化的蛋白酶和脲酶活性，X_1 最大持水量、X_2 为毛管持水量、X_3 为田间持水量、X_4 为容重、X_5 为总孔隙度、X_6 非毛管孔隙度、X_7 为土壤有机质、X_8 为全氮、X_9 为水解氮、X_{10} 为有效磷、X_{11} 为交换性钙、X_{12} 为交换性镁、X_{13} 为细菌数量、X_{14} 为放线菌和 X_{15} 为真菌。各主要指标对土壤蛋白酶和脲酶活性的通径系数见表 3-16。

直接通径系数反映了各主要肥力因子对土壤酶活性的直接影响，而间接通径系数却是一种间接影响力，指的是以主要肥力因子通过其他肥力因子对土壤酶活性产生的间接影响程度。这种影响力更具有客观性，因而也更具有真实表现力。通过表 3-16 中通径系数可看出，对蛋白酶活性的直接影响力（按绝对值大小）排序依次为土壤最大持水量>总孔隙度>容重>毛管持水量>全氮>非毛管孔隙度>交换性钙>有机质>真菌>水解氮>放线菌>交换性镁>有效磷>田间持水量>细菌；脲酶活性（按绝对值大小）为土壤最大持水量>毛管持水量>非毛管孔隙度>田间持水量>交换性镁>全氮>有效磷>放线菌>交换性钙>容重>水解氮>细菌>真菌>有机质>总孔隙度。土壤总孔隙度对脲酶的直接影响力虽然很小（直接通径系数为 0.0173），但它

表 3-16　土壤指标对蛋白酶、脲酶活性的通径系数

指标		X_1→D	X_2→D	X_3→D	X_4→D	X_5→D	X_6→D	X_7→D	X_8→D	X_9→D	X_{10}→D	X_{11}→D	X_{12}→D	X_{13}→D	X_{14}→D	X_{15}→D
蛋白酶	X_1	10. 9432	3. 905	−0. 5438	−6. 3635	−7. 6497	2. 1606	−0. 884	−2. 8731	0. 4585	0. 3231	0. 7051	−0. 3993	0. 3445	0. 3151	0. 2402
	X_2	10. 3376	4. 1338	−0. 5736	−5. 8809	−7. 4397	1. 3721	−0. 7842	−2. 5262	0. 4029	0. 3419	0. 7187	−0. 3886	0. 3091	0. 3353	0. 2833
	X_3	9. 5338	3. 7988	−0. 6242	−5. 6198	−6. 5131	1. 3075	−0. 7766	−2. 4025	0. 454	0. 3409	0. 8105	−0. 4939	0. 2952	0. 3022	0. 3031
	X_4	10. 5298	3. 676	−0. 5304	−6. 6133	−6. 8879	2. 2381	−0. 874	−2. 7166	0. 4997	0. 3143	0. 6798	−0. 3815	0. 326	0. 2434	0. 164
	X_5	10. 5074	3. 8602	−0. 5103	−5. 7176	−7. 967	1. 933	−0. 8422	−2. 7208	0. 4442	0. 3193	0. 6719	−0. 3772	0. 3524	0. 3482	0. 3401
	X_6	7. 6986	1. 8467	−0. 2657	−4. 8193	−5. 0144	3. 0712	−0. 7652	−2. 4459	0. 4845	0. 1525	0. 3421	−0. 2878	0. 2874	0. 1686	0. 0558
	X_7	8. 4866	2. 8438	−0. 4252	−5. 0703	−5. 8864	2. 0616	−1. 1399	−3. 184	0. 7872	0. 529	1. 1235	−0. 6068	0. 4069	0. 5885	0. 3334
	X_8	9. 3218	3. 0962	−0. 4446	−5. 3266	−6. 4268	2. 2272	−1. 0761	−3. 3728	0. 6436	0. 469	0. 9945	−0. 5585	0. 3821	0. 5744	0. 2888
	X_9	5. 3591	1. 7789	−0. 3027	−3. 5296	−3. 7797	1. 5891	−0. 9584	−2. 3182	0. 9363	0. 4266	0. 9235	−0. 518	0. 3385	0. 4661	0. 2494
	X_{10}	5. 2294	2. 0905	−0. 3148	−3. 0747	−3. 7622	0. 6928	−0. 8919	−2. 3395	0. 5909	0. 6761	1. 3091	−0. 5774	0. 2899	0. 5974	0. 1922
	X_{11}	5. 0072	1. 9282	−0. 3283	−2. 9176	−3. 4741	0. 6818	−0. 8312	−2. 1768	0. 5612	0. 5744	1. 5409	−0. 7353	0. 2397	0. 4302	0. 1234
	X_{12}	5. 2939	1. 946	−0. 3734	−3. 0564	−3. 6406	1. 0709	−0. 838	−2. 2821	0. 5876	0. 4729	1. 3725	−0. 8255	0. 2328	0. 4353	0. 2462
	X_{13}	8. 421	2. 854	−0. 4116	−4. 8164	−6. 2714	1. 9717	−1. 0362	−2. 8791	0. 708	0. 4378	0. 8252	−0. 4292	0. 4477	0. 5262	0. 4542
	X_{14}	4. 0495	1. 6278	−0. 2216	−1. 8908	−3. 2583	0. 6083	−0. 7878	−2. 2754	0. 5125	0. 4743	0. 7785	−0. 4221	0. 2766	0. 8515	0. 3998
	X_{15}	2. 7901	1. 2429	−0. 2008	−1. 1513	−2. 876	0. 1818	−0. 4034	−1. 0337	0. 2478	0. 1379	0. 2018	−0. 2157	0. 2158	0. 3613	0. 9422

（续）

指标		X_1→D	X_2→D	X_3→D	X_4→D	X_5→D	X_6→D	X_7→D	X_8→D	X_9→D	X_{10}→D	X_{11}→D	X_{12}→D	X_{13}→D	X_{14}→D	X_{15}→D
脲酶	X_1	-12.768	10.7462	-1.4096	0.452	0.0166	2.4113	0.1212	1.303	0.2187	-0.4189	-0.3114	0.7843	-0.2431	-0.2907	0.0568
	X_2	-12.1175	11.323	-1.4765	0.4203	0.0162	1.5599	0.1109	1.1729	0.1866	-0.4743	-0.3364	0.7419	-0.2228	-0.3247	0.0643
	X_3	-11.2624	10.4623	-1.598	0.4039	0.0146	1.4789	0.107	1.0993	0.2029	-0.4339	-0.3568	0.934	-0.2101	-0.2745	0.07
	X_4	-12.2059	10.0644	-1.365	0.4728	0.0148	2.4781	0.1183	1.2158	0.2274	-0.3982	-0.2935	0.7384	-0.2291	-0.225	0.0356
	X_5	-12.2634	10.5961	-1.3445	0.4047	0.0173	2.1342	0.1136	1.2316	0.1983	-0.4179	-0.295	0.7305	-0.2449	-0.3237	0.0807
	X_6	-9.0969	5.2191	-0.6983	0.3462	0.0109	3.3843	0.1024	1.1196	0.2142	-0.2031	-0.1606	0.5825	-0.2006	-0.1615	0.011
	X_7	-10.0143	8.1271	-1.1063	0.3622	0.0127	2.2426	0.1545	1.4351	0.3621	-0.669	-0.5009	1.1502	-0.2835	-0.5197	0.0777
	X_8	-10.9122	8.7115	-1.1522	0.3771	0.014	2.4853	0.1454	1.5246	0.2925	-0.5891	-0.4385	1.0697	-0.2646	-0.5155	0.0678
	X_9	-6.481	4.9048	-0.7525	0.2495	0.008	1.6823	0.1298	1.0352	0.4308	-0.5283	-0.4099	0.9527	-0.2407	-0.3928	0.0573
	X_{10}	-6.3736	6.3995	-0.8262	0.2244	0.0086	0.8192	0.1232	1.0703	0.2712	-0.8392	-0.5845	1.0558	-0.2057	-0.5367	0.0455
	X_{11}	-5.8526	5.607	-0.8391	0.2043	0.0075	0.8002	0.1139	0.984	0.2599	-0.7219	-0.6794	1.3563	-0.1721	-0.393	0.0307
	X_{12}	-6.5078	5.4594	-0.97	0.2269	0.0082	1.2812	0.1155	1.0599	0.2667	-0.5759	-0.5989	1.5387	-0.1684	-0.3731	0.0647
	X_{13}	-9.9434	8.084	-1.0758	0.3471	0.0136	2.1747	0.1403	1.2923	0.3323	-0.5531	-0.3746	0.8303	-0.3121	-0.4455	0.1046
	X_{14}	-4.9581	4.9118	-0.5859	0.1421	0.0075	0.73	0.1073	1.0499	0.226	-0.6018	-0.3567	0.767	-0.1858	-0.7485	0.0939
	X_{15}	-3.0686	3.0805	-0.4728	0.0711	0.0059	0.1579	0.0508	0.4373	0.1043	-0.1613	-0.0883	0.4206	-0.138	-0.2972	0.2365

通过最大持水量、毛管持水量、田间持水量非毛管孔隙度、全氮和交换性镁对脲酶产生的间接通径系数分别高达-12.2634、10.5961、1.3445、2.1242、1.2316和0.7305，分别是其直接通径系数的704.867倍、612.49倍、77.71倍、123.36倍、71.19倍和42.23倍。可见，土壤总孔隙度对脲酶的影响主要表现在间接影响上。与此类似，细菌对蛋白酶活性、细菌、真菌、容重、有机质、水解氮对脲酶活性的影响也都体现在间接影响。

3. 双重逐步回归分析

基于土壤其他因子与土壤酶活性健康相关分析结果——土壤酶活性不仅与土壤理化性质、土壤生物活性密切相关，土壤酶之间存在极显著或显著相关关系。现以最大持水量(X_1)、毛管持水量(X_2)、田间持水量(X_3)、容重(X_4)、总孔隙度(X_5)、毛管孔隙度(X_6)、非毛管孔隙度(X_7)、pH值(X_8)、有机质(X_9)、全氮(X_{10})、水解氮(X_{11})、全磷(X_{12})、有效磷(X_{13})、全钾(X_{14})、速效钾(X_{15})、交换性钙(X_{16})、交换性镁(X_{17})、细菌(X_{18})、放线菌(X_{19})、真菌(X_{20})为自变量，过氧化氢酶(Y_1)、蔗糖酶(Y_2)、多酚氧化酶(Y_3)、蛋白酶(Y_4)、脲酶(Y_5)、酸性磷酸酶(Y_6)为因变量进行双重筛选逐步回归，在临界值 $Fx=1.8618$，$Fy=2.0316$ 的条件下，将6个因变量分成4组，分别组建以下回归方程(组)：

$Y_1=0.0059X_7-0.0988X_8+0.0904X_{17}+1.2597$ ($r=0.8276$，$p=0.0008$，$RSE=0.0351$)；

$Y_2=0.2452X_4+0.2014X_{10}-0.0007X_{15}+0.0326X_{17}-0.2832$ ($r=0.8472$，$p=0.0015$，$RSE=0.0285$)；

$Y_3=0.0109X_6+0.0017X_{11}-0.1805X_{13}+0.0006X_{15}+0.0024X_{16}+0.0997X_{19}-0.3336$ ($r=0.8206$，$p=0.0272$，$RSE=0.0564$)；

$Y_6=0.0465X_6+0.0021X_{11}-0.3465X_{13}-0.0033X_{15}+1532X_{16}+0.0885X_{19}-7433$ ($r=0.7964$，$p=0.0463$，$RSE=0.2090$)；

$Y_4=0.0025X_9-0.0002X_{11}-0.0001X_{15}+0.0003X_{17}+0.0848$ ($r=0.9318$，$p=0.0001$，$RSE=0.0070$)；

$Y_5=0.0397X_9-0.0001X_{11}-0.0058X_{15}+0.4941X_{17}+0.2316$ ($r=0.9241$，$p=0.0001$，$RSE=0.2355$)

回归方程表明，土壤过氧化氢酶活性主要受土壤非毛管孔隙度、pH

值和交换性镁含量的影响；土壤蔗糖酶活性主要受土壤容重、全氮含量、速效钾含量和交换性镁含量的影响；多酚氧化酶和酸性磷酸酶活性主要受土壤毛管孔隙度、水解氮含量、有效磷含量、速效钾含量、交换性钙含量和放线菌数量的影响；脲酶和蛋白酶活性主要受土壤有机质含量、水解氮含量、速效钾含量、交换性镁含量的影响。

(三)土壤性质综合评价指数

1. 聚类分析

聚类分析的作用是建立一种分类方法，将一批样品或变量，按照它们在性质上的亲疏程度进行分类。距离的种类很多，其中欧式距离在聚类分析中用得最广，表达式如下：

$$d_{ij}=\sqrt{\sum_{k=1}^{m}(X_{ik}-X_{jk})^2} \tag{3-2}$$

式中：X_{ik}——第 i 个样品的第 k 个指标的观测值；

X_{jk}——第 j 个样品的第 k 个指标的观测值；

d_{ij}——第 i 个样品与第 j 个样品之间的欧氏距离。若 d_{ij} 越小，那么第 i 与 j 两个样品之间的性质就越接近。性质接近的样品就可以划为一类。

当确定了样品之间的距离之后，就要对样品进行分类。分类的方法很多，其中系统聚类法是聚类分析中应用最广泛的一种方法。它首先将 n 个样品每个自成一类，然后每次将具有最小距离的两类合并成一类，合并后重新计算类与类之间的距离，这个过程一直持续到所有样品归为一类为止。分类结果可以画成一张直观的聚类谱系图。本报告利用 DPS 统计软件运用系统聚类法对各林分 0~60 厘米土层土壤性质指标(平均值)进行分析，先对数据进行处理转化，方法为：对于与土壤性质成负效应的因子采用以下公式处理：

$$F(X_i)=(X_{i\max}-X_{ij})/(X_{i\max}-X_{i\min}) \tag{3-3}$$

而对与土壤性质成正效应的因子采用以下方法处理：

$$F(X_i)=(X_{ij}-X_{i\min})/(X_{i\max}-X_{i\min}) \tag{3-4}$$

式中：$F(X_i)$——转化后肥力因子的隶属度值；

X_{ij}——各肥力因子平均值；

$X_{i\max}$ 和 $X_{i\min}$——第 i 项肥力因子中的最大值和最小值。

各林分土壤性质系统聚类分析结果详见图 3-7：

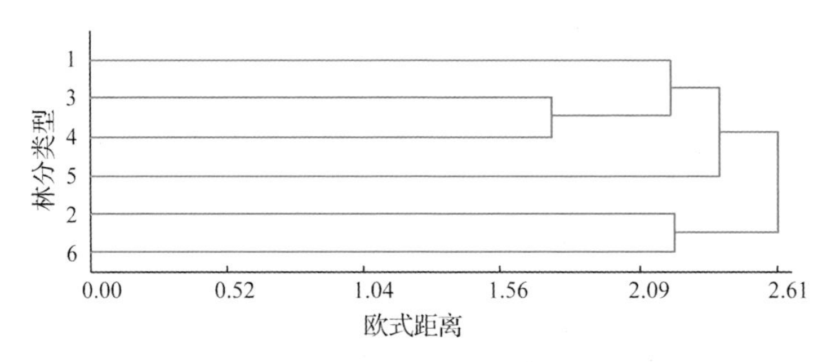

图 3-7　各林分土壤性质聚类分析

1：CK_S；2：T_{SZ}；3：T_{ZC}；4：T_{ZK1}；5：CK_K

聚类分析将各林分土壤性质状况分为三类(图 3-7)：

第一类：8 竹 2 阔林和常绿阔叶林；

第二类：毛竹纯林和杉竹混交林；

第三类：杉木纯林。

2. 土壤性质综合定量评价

由于不同层次各林分土壤性质各指标优劣次序不一致，即使是整体分析，各林分土壤性质指标优劣次序也不尽相同，因此，需对各林分土壤性质进行综合定量评价评价。

(1)土壤因子隶属度值与权重、负荷量的计算。土壤性质是土壤物理性质、土壤化学性质、土壤酶活性和土壤微生物等指标的综合反映。本报告根据各单项肥力指标的代表性和对植被影响的主导性，选择 0~20 厘米、20~40 厘米和 40~60 厘米土壤各肥力因子的数据，建立不同竹林土壤性质综合评价指标体系。

由于土壤性质因子变化具有连续性质，故各评价指标采用连续性质的隶属度函数，并从主成分因子负荷量值的正负性，确定隶属度函数分布的升降性，这与各因子对植被的效应相符合。数据处理方法与聚类分析处理前相同。并计算各处理土壤性质因子的隶属度值。

以往研究普遍采用专家打分来确定各单项土壤性质指标的权重系数。为避免人为影响，本报告运用 SPSS 软件对各处理土壤性质因子的隶属度值进行因子分析，通过计算公因子方差确定权重系数。因子分析结果表明，前 6 个公因子对于总方差的累积贡献率达 88. 4612%，再经公因子旋转得公因子载荷矩阵，通过计算得土壤各健康指标的公因子方差，其值表示对土壤性质总体变异的贡献，据此确定各指标权重值(表 3-17)。

表 3-17 正交旋转后前 6 个公因子载荷矩阵、公因子方差及各土壤指标权重

指标	公因子 1	公因子 2	公因子 3	公因子 4	公因子 5	公因子 6	公因子方差 δ^2r	权重
最大持水量	0. 3938	−0. 3440	−0. 8293	0. 1143	0. 1305	0. 0678	0. 9958	0. 0423
毛管持水量	0. 1194	−0. 2993	−0. 9144	0. 0907	0. 1154	0. 1670	0. 9894	0. 0421
田间持水量	0. 0468	−0. 5160	−0. 7604	0. 0151	0. 2181	0. 0517	0. 8971	0. 0381
容重	0. 4666	−0. 4056	−0. 7393	0. 2283	0. 0711	0. 0456	0. 9880	0. 0420
总孔隙度	0. 3298	−0. 2331	−0. 8712	−0. 0305	0. 2068	0. 1031	0. 9764	0. 0415
毛管孔隙度	−0. 2764	−0. 0313	−0. 8649	−0. 1058	0. 2253	0. 2624	0. 9562	0. 0407
非毛管孔隙度	0. 8839	−0. 2548	−0. 2797	0. 0628	0. 1099	−0. 1642	0. 9674	0. 0411
有机质	0. 4519	−0. 6704	−0. 3629	−0. 0429	0. 2330	0. 3885	0. 9924	0. 0422
pH 值	0. 1925	0. 0491	0. 0108	0. 9140	−0. 0898	0. 0313	0. 8840	0. 0376
全磷	0. 5000	−0. 6036	−0. 5285	−0. 0034	0. 0874	0. 2778	0. 9785	0. 0416
全氮	0. 4467	−0. 4766	−0. 0308	−0. 2547	0. 5189	0. 3518	0. 8855	0. 0377
水解氮	0. 2258	0. 0631	−0. 6341	−0. 0310	−0. 0606	0. 6056	0. 8284	0. 0352
有效磷	−0. 0012	−0. 7660	−0. 0813	−0. 1446	0. 0389	0. 5602	0. 9296	0. 0395
交换性钙	0. 8896	0. 2291	−0. 1269	0. 1594	0. 0233	0. 2283	0. 9381	0. 0399
交换性镁	0. 5783	−0. 1197	0. 3790	−0. 6157	−0. 1932	0. 1344	0. 9269	0. 0394
全钾	−0. 0599	−0. 7889	−0. 2302	−0. 4208	−0. 0684	0. 2926	0. 9463	0. 0402
速效钾	0. 0028	−0. 8694	−0. 2200	−0. 3451	0. 0773	0. 0162	0. 9296	0. 0395
细菌	0. 5193	−0. 4066	−0. 3846	−0. 0765	0. 4195	0. 3868	0. 9144	0. 0389
放线菌	0. 0778	−0. 4340	−0. 2988	0. 0691	0. 2526	0. 7718	0. 9479	0. 0403
真菌	−0. 1710	−0. 3326	−0. 1454	0. 2496	0. 5448	0. 1465	0. 5416	0. 0230
过氧化氢酶	−0. 0017	−0. 8874	−0. 0330	0. 0681	0. 1115	−0. 1256	0. 8214	0. 0349
蔗糖酶	0. 1300	−0. 7377	−0. 3937	0. 2632	0. 2026	0. 0915	0. 8348	0. 0355
多酚氧化酶	0. 2896	0. 0318	−0. 1657	−0. 0834	0. 8712	0. 0628	0. 8822	0. 0375
蛋白酶	0. 1566	−0. 6938	−0. 3278	0. 1550	0. 3899	0. 3222	0. 8932	0. 0380
脲酶	0. 1587	−0. 7764	−0. 4234	0. 0787	0. 1361	0. 1216	0. 8468	0. 0360
酸性磷酸酶	−0. 2314	−0. 2776	−0. 5258	−0. 1055	0. 6265	−0. 1155	0. 8240	0. 0350
特征根	3. 7357	6. 7961	6. 3209	1. 9095	2. 4935	2. 2600		
累计贡献	0. 1437	0. 4051	0. 6482	0. 7216	0. 8175	0. 9044		

（2）土壤综合指数（*IFI*）。根据模糊数学中的加乘法原则，求得土壤综合评价指标 *IFI*。

$$IFI = \sum W_i \cdot F(X_i) \tag{3-5}$$

式中：W_i——各土壤因子的权重向量；

$F(X_i)$——各土壤因子的隶属度值。

计算结果详见表 3-18。由此可知，各试验林分不同层次土壤性质综合指数随土壤深度的增加而降低，且不同层次各林分土壤性质综合指数排序不完全相同，但均以常绿阔叶林最高，分别为 0.8060、0.5730 和 0.5214，8 竹 2 阔林次之，分别为 0.7752、0.5287 和 0.3248。0~20 厘米土层各林分土壤性质综合指数依次为 $CK_K>T_{ZK1}>T_{ZK2}>T_{ZC}>CK_S>T_{ZS}$；20~40 厘米和 40~60 厘米土层各试验林分土壤性质综合指数优劣排序相同，一致为：$CK_K>T_{ZK1}>T_{ZC}>T_{ZS}>T_{ZK2}>CK_S$；三层整体来看，各林分土壤性质排序次序依次为 CK_K(0.6335)$>T_{ZK1}$(0.5429)$>T_{ZC}$(0.3999)$>T_{ZK2}$(0.3864)$>T_{ZS}$(0.3598)$>CK_K$(0.3238)，其结果与聚类分析结果非常吻合。说明虽 8 竹 2 阔林对土壤的培肥效果较常绿阔叶林低，但其培肥效果在竹林中最高，所有竹林对林地的培肥效果均优于杉木纯林。由于毛竹林生物特性及其利用方式特殊，在培育竹林时，可通过适当增加竹林阔叶树比例来提高林地土壤综合性质。

表 3-18 土壤性质综合指标值(*SH*)

林分	各层土壤性质得分			平均得分
	A_1	A_2	A_3	
CK_S	0.5403	0.2895	0.1417	0.3238
T_{ZS}	0.4874	0.3576	0.2342	0.3598
T_{ZC}	0.5867	0.3722	0.2407	0.3999
T_{ZK1}	0.7752	0.5287	0.3248	0.5429
T_{ZK2}	0.5925	0.3416	0.2250	0.3864
CK_K	0.8060	0.5730	0.5214	0.6335

本报告中有毛竹的林分土壤性质综合指数高于杉木近熟林，6 竹 4 阔林土壤性质平均综合指数较毛竹纯林低，导致此结论的原因主要与毛竹采伐利用方式和挖笋密切相关。虽然在我国南方一些地方可以做到全竹利用，但大多数地方还是利用竹秆，因此，毛竹采伐后，大量的竹枝、竹叶及竹根留在林地上，竹枝、竹叶分解迅速，且竹林每年冬春两季挖竹笋，

而杉木林自郁闭后只有间伐抚育措施，林地枯落物分解缓慢，致使其土壤性质综合指数低。6 竹 4 阔林由于毛竹比例较毛竹纯林小得多，采伐毛竹时，林地竹枝、竹叶及阔叶树枯落物的总量较毛竹纯林地枯枝落叶少，且可挖的竹笋较少，对林地扰动较毛竹纯林小得多，但由于其为天然次生林发展而来，土壤表层土壤性质较高，致使其 0~20 厘米土壤性质综合指数较毛竹林高，而 20~40 厘米和 40~60 厘米土壤性质综合指数较毛竹纯林低。杉竹混交林 0~20 厘米土壤性质综合指数低于杉木纯林，但 20~40 厘米和 40~60 厘米土层土壤性质综合指数较杉木林低，同理，导致此结果除了与毛竹采伐利用和挖笋有关外，还与杉木林为第一代近熟林、杉竹混交林为第二代杉木林萌生林密切相关。

五、小　结

林地土壤物理性质随土层呈现有规律的变化。除 0~20 厘米土层各林分间毛管孔隙度差异不显著外，各林分 0~20 厘米土层其余指标和 20~40 厘米和 40~60 厘米土层所有指标差异均达极显著水平。土壤容重随土层增加而增大，土壤最大持水量、毛管持水量、田间持水量、总孔隙度、毛管孔隙度和非毛管孔隙度均呈现随土层增加而减小。不同土层各林分不同土壤物理指标优劣次序不完全一致，各林分土壤物理性质各指标方差分析表明，8 竹 2 阔林土壤容重和土壤水分系数最佳，其土壤容重、最大持水量和毛管持水量除与常绿阔叶林的差异不显著，其土壤容重极显著低于其余林分，其最大持水量和毛管持水量极显著高于其余林分，其田间持水量显著高于常绿阔叶林，极显著高于其余林分的田间持水量。而土壤孔隙状况以常绿阔叶林的最佳，其总孔隙度显著高于 8 竹 2 阔林，极显著高于其余试验林分。常绿阔叶林毛管孔隙度除与杉竹混交林差异不显著外，极显著高于其余林分。而其非毛管孔隙度除显著低于 8 竹 2 阔林外，极显著高于其余毛竹林分的非毛管孔隙度。

与土壤物理性质相似，林地土壤化学性质也随土层呈现有规律的变化。除土壤 pH 值随土壤增加而增大外，其余化学指标均随土层增加而减小。各林分各土层土壤化学性质方差分析表明，各林分土壤 pH 值除 0~20 厘米层差异显著外，其余层次各林分间差异不显著，各林分间除 0~20 厘米土层土壤全氮差异显著外，其余指标差异均为极显著。不同土层土壤化学指标大小次序不全一致，整体上，常绿阔叶林除土壤 pH 值与其余林分差异不显著外，其土壤有机质、全氮、水解氮、全磷、有效磷和全钾的含量极显著高于其余林分，毛竹纯林交换性钙、镁含量高于其余林分，而杉木纯林土壤速效钾极显著高于其余林分。土壤有机质以 6 竹 4 阔林最低，土壤全氮、水解氮、有效磷和速效钾含量以杉竹混交林的最低，土壤全磷、全钾、交换性钙、镁分别以 CK_S(0.07 克/千克)、T_{ZC}(11.47 克/千克)、T_{ZK2}(1.25 厘摩/千克)和 T_{ZS}(0.50 厘摩/千克)最低，导致此结果应与林分起源、林地枯落物储量、枯落物分解特性、劈山及毛竹采伐利用水平等相关。

土壤过氧化氢酶、蔗糖酶、多酚氧化酶、蛋白酶、脲酶、酸性磷酸酶活性及土壤细菌、放线菌、真菌的数量随土壤深度的增加而减弱(减少)，表明土壤性质随土层增加而降低。不同林分各层次土壤生物活性指标方差分析表明，各林分 0~20 厘米土层酸性磷酸酶差异不显著；蔗糖酶和细菌数差异显著，各林分其余指标差异均达极显著水平；各林分 20~40 厘米土层过氧化氢酶、蔗糖酶、蛋白酶、酸性磷酸酶活性和土壤细菌数量差异不显著，多酚氧化酶、脲酶放线菌数量差异显著，真菌数差异极显著；40~60 厘米土层中，各林分除蔗糖酶细菌数和放线菌数差异显著外，其余生物指标差异极显著。同土壤理化性质一样，不同土层各林分土壤生物指标大小次序不完全一致，整体分析表明，8 竹 2 阔林过氧化氢酶、蛋白酶、脲酶、和酸性磷酸酶活性最高，杉木纯林蔗糖酶、多酚氧化酶、蛋白酶、脲酶、酸性磷酸酶活性最低，常绿阔叶林多酚氧化酶、蛋白酶、活性和细菌放线菌数量最高，真菌数量以杉竹混交林(1.02×10^4 个/克干土)最高，以常绿阔叶林(0.48×10^4 个/克干土)最低；蔗糖酶活性以 6 竹 4 阔林[0.10 毫升/(克干土·24 小时)]最高，以杉木纯林最低。土壤生物活性以 8 竹 2 阔林或常绿阔叶林最佳。

土壤分形维数与土壤理化性质、生物活性指标相关分析表明：各试验林分土壤微团聚体分形维数与总孔隙度和非毛管孔隙度、有机质含量、全磷含量、全氮含量和有效磷含量、蔗糖酶活性、蛋白酶活性和脲酶活性、细菌数量和放线菌数量极显著线性负相关，与土壤容重极显著线性正相关，与毛管孔隙度、水解氮含量及过氧化氢酶活性显著线性负相关，表明土壤物理性质越高，养分含量越高、土壤酶活性越强和微生物数量越多，土壤分形维数愈低，同时也说明土壤微团聚体分形维数在作为土壤肥力诊断指标方面具有较好的应用潜力，可较好地表征林地土壤性质状况。微团聚体分形维数愈低，土壤肥力愈高，土壤性质状况愈加。因此，土壤微团聚体分形维数可以作为定量描述林地土壤性质状况的一个尺度。本报告结果与陈恩凤等(1994)的"特征微团聚体"研究结果相似，与龚伟等(2007)研究得出相似的结论，只是研究方法上与他们有所差异。侧面证明了陈恩凤等提出的用"特征微团聚体"组成比例来数量化评断土壤肥力水平与培肥效果。因此，土壤微团聚体分形维数在评价竹林土壤性质方面具有重要的理论和实践意义。虽然不同土层各林分土壤微团聚体分形维数排序不一致，整体来说，各林分土壤分形维数大小依次为 $CK_K<T_{ZK2}<T_{ZK1}<T_{ZC}<CK_S<T_{ZS}$。

土壤酶活性与土壤其他指标之间的相关分析和通径分析表明，土壤酶活性影响土壤理化性质和微生物数量，对林地土壤综合特性具有调控作用，可作为评价土壤性质高低的综合评价指标。

聚类分析并结合实际指标值大小可得：8 竹 2 阔林和常绿阔叶林土壤性质状况最佳，其次为毛竹纯林、6 竹 4 阔林和杉竹混交林，杉木纯林的最低。而土壤综合定量评价得出各林分土壤综合指数由高到低依次为 CK_K(0. 6335)>T_{ZK1}(0. 5429)>T_{ZC}(0. 3999)>T_{ZK2}(0. 3864)>T_{ZS}(0. 3598)>CK_S(0. 3238)，这一结果与聚类分析的结论一致，说明毛竹林尤其 8 竹 2 阔林对林地土壤具有良好的改良效果。

第四节 不同类型毛竹林水源涵养功能

一、林冠截留

(一)林冠截留大小分析

6 种试验林分 2007 年 4 月至 2008 年 4 月的林内降雨、树干径流和林冠截留相差较大(表 3-19)，林内降雨、树干径流和林冠截留的变化范围分别为 1830. 09~1875. 95 毫米、18. 38~69. 10 毫米和 325. 25~408. 28 毫米，其中 6 竹 4 阔林林内降雨量最高，达 1875. 95 毫米，常绿阔叶林林内降雨量最低，为 1830. 09 毫米，其余林分介于二者之间；树干径流以 8 竹 2 阔林的最高(69. 10 毫米)，其干流率达 3. 06%，其次为毛竹纯林(49. 77 毫米)，常绿阔叶林树干径流量最低，为 18. 38 毫米，其干流率为 0. 81%；林冠截留量以常绿阔叶林的最高，为 408. 28 毫米，截留率达 18. 09%，其次为杉木近熟林，其林冠截留量和截留率分别为 391. 19 毫米和 17. 33%，8 竹 2 阔林的最低，其林冠截留量和截留率仅为 325. 29 毫米和 14. 41%；竹林中林冠截留量以杉竹混交林的最高，为 366. 95 毫米，毛竹纯林、8 竹 2 阔林和 6 竹 4 阔林的林冠截留率相差不大，这与它们之间存在较大的相似性有关。

表 3-19　不同林分林冠截留分析

林分	大气降雨量(毫米)	林内降雨量(毫米)	干流量(毫米)	干流率(%)	截留量(毫米)	截留率(%)
CK_S	2256. 75	1847. 11	18. 45	0. 82	391. 19	17. 33
T_{ZS}	2256. 75	1847. 82	41. 98	1. 86	366. 95	16. 26
T_{ZC}	2256. 75	1871. 28	49. 77	2. 21	335. 71	14. 88
T_{ZK1}	2256. 75	1862. 34	69. 10	3. 06	325. 25	14. 41
T_{ZK2}	2256. 75	1875. 95	46. 51	2. 06	334. 29	14. 81
CK_K	2256. 75	1830. 09	18. 38	0. 81	408. 28	18. 09

前人研究成果表明，林冠截留不仅与降雨量、林分结构、乔木层优势种的构型、郁闭度等关系密切(刘世荣等，1996；温远光，1995)，还与乔木树皮粗糙光滑度、吸水特性等密切相关(王馨和张一平，2006；尹光彩等，2004)。本报告的结果与前人的研究结果一致，由于毛竹树干光滑，吸水能力差，而阔叶树和杉木林树干粗糙且树皮厚，吸水能力强，使得有毛竹的林分树干径流量较杉木和常绿阔叶林高。杉木林林冠截留能力强于常绿阔叶林，主要与优势树种针叶树持水性强于阔叶树种有关(张一平等，2004)，而常绿阔叶林因其枝、叶、干等生物量大，林冠截留能力最强。

而 8 竹 2 阔林树干径流最高，与其组成阔叶树的年龄及其干形密切相关，8 竹 2 阔林由于有一定比例的阔叶树种，种间竞争较激烈，密度适中，致使林木干形通直，而毛竹纯林的种内竞争较种间竞争弱，其林木干形较 8 竹 2 阔林差。6 竹 4 阔林则因阔叶树比例较大，毛竹在一定程度上受到阔叶树的抑制，致使林木干形较差，在这些因素作用下，8 竹 2 阔林树干径流最大。

表 3-20 林冠截留、树干流、林内降雨及截留率与降雨量的关系

因变量		回归模型	参数								R^2	P
			β_0	P	β_1	P	β_2	P	β_3	P		
CK_S	J	$y=e^{\beta_0+\beta_1/X}$	1. 7419	5.36×10^{-41}	−2. 0084	1.34×10^{-7}					0. 3258	1.34×10^{-7}
	G	$y=\beta_0+\beta_1X+\beta_2X^2+\beta_3X^3$	0. 0692	0. 4218	−0. 0055	0. 4061	0. 0003	0. 0124	-1.28×10^{-6}	0. 0221	0. 6135	3.00×10^{-14}
	L	$y=\beta_0+\beta_1X+\beta_2X^2$	−4. 004	2.58×10^{-8}	0. 9245	1.00×10^{-44}	0. 0004	0. 0711			0. 9900	9.71×10^{-71}
	JL	$y=\beta_0+\beta_1X+\beta_2X^2+\beta_3X^3$	0. 8879	8.18×10^{-36}	−0. 0348	2.17×10^{-19}	0. 0004	1.34×10^{-12}	1.60×10^{-6}	1.56×10^{-9}	0. 8227	7.33×10^{-26}
T_{ZS}	J	$y=\beta_0+\beta_1X+\beta_2X^2+\beta_3X^3$	−0. 0498	0. 9629	0. 3774	7.02×10^{-5}	−0. 0062	0. 0001	3.52×10^{-5}	2.43×10^{-6}	0. 6521	8. 21
	G	$y=\beta_0+\beta_1X+\beta_2X^2+\beta_3X^3$	0. 0526	0. 6207	0. 0035	0. 6925	0. 0004	0. 0164	-1.97×10^{-6}	0. 0098	0. 7366	5.93×10^{-20}
	L	$y=\beta_0+\beta_1X+\beta_2X^2+\beta_3X^3$	−0. 0029	0. 9978	0. 6490	1.47×10^{-11}	0. 0058	0. 0002	-3.33×10^{-5}	4.93×10^{-6}	0. 9803	1.01×10^{-58}
	JL	$y=e^{\beta_0+\beta_1/X}$	0. 1435	2.48×10^{-8}	1. 0206	3.30×10^{-11}					0. 4641	3.30×10^{-11}
T_{ZC}	J	$y=e^{\beta_0+\beta_1/X}$	1. 6473	3.79×10^{-44}	−2. 4700	1.96×10^{-12}					0. 5045	1.96×10^{-12}
	G	$y=\beta_0+\beta_1X+\beta_2X^2+\beta_3X^3$	−0. 777	0. 2658	0. 0213	0. 0002	0. 0001	0. 1844	-8.82×10^{-7}	0. 0516	0. 9016	1.16×10^{-34}
	L	$y=\beta_0+\beta_1X+\beta_2X^2+\beta_3X^3$	−2. 0593	0. 0001	0. 8084	1.12×10^{-31}	0. 0022	0. 0029	−7. 6131	0. 0206	0. 9963	6.87×10^{-84}
	JL	$y=\beta_0X^{\beta_1}$	1. 4835	2.42×10^{-10}	−0. 6602	2.18×10^{-24}					0. 7705	2.18×10^{-24}
T_{ZK1}	J	$y=e^{\beta_0+\beta_1/X}$	1. 5399	3.18×10^{-35}	1. 9488	1.64×10^{-6}					0. 2781	1.64×10^{-6}
	G	$y=\beta_0X^{\beta_1}$	0. 0017	0. 0017	1. 7778	9.16×10^{-29}					0. 8270	9.16×10^{-29}
	L	$y=\beta_0+\beta_1X+\beta_2X^2$	−2. 5113	0. 0001	0. 8364	4.08×10^{-27}	0. 0017	0. 0521	−5. 8203	0. 1484	0. 9944	1.646×10^{-27}
	JL	$y=\beta_0+\beta_1\ln(X)$	0. 8983	06.29×10^{-33}	−0. 2044	1.29×10^{-24}					0. 7738	1.29×10^{-24}

（续）

因变量		回归模型	参数								R^2	P
			β_0	P	β_1	P	β_2	P	β_3	P		
T_{ZK2}	J	$y=e^{\beta_0+\beta_1/X}$	1. 6441	6.77×10^{-45}	-2. 4945	4.87×10^{-13}					0. 5233	4.87×10^{-13}
	G	$y=\beta_0 X^{\beta_1}$	0. 0010	0. 0003	1. 7852	3.14×10^{-33}					0. 8704	3.14×10^{-33}
	L	$y=\beta_0+\beta_1X+\beta_2X^2+\beta_3X^3$	-1. 694	0. 0008	0. 7774	1.86×10^{-31}	0. 0029	8.39×10^{-5}	1.12×10^{-5}	0. 0006	0. 9965	1.12×10^{-84}
	JL	$y=\beta_0 X^{\beta_1}$	1. 4570	1.01×10^{-10}	-0. 6561	6.77×10^{-25}					0. 7779	6.77×10^{-25}
CK_K	J	$y=\beta_0+\beta_1X+\beta_2X^2+\beta_3X^3$	1. 2011	0. 2830	0. 2370	0. 0071	-0. 0037	0. 0208	2.44×10^{-5}	0. 0011	0. 6635	2.64×10^{-16}
	G	$y=\beta_0+\beta_1X+\beta_2X^2+\beta_3X^3$	0. 0111	0. 8246	0. 0018	0. 6421	0. 0002	0. 0097	-9.79×10^{-7}	0. 0032	0. 7467	1.56×10^{-20}
	L	$y=\beta_0+\beta_1X+\beta_2X^2+\beta_3X^3$	-1. 2123	0. 2726	0. 7612	2.69×10^{-13}	0. 0035	0. 0260	-2.34×10^{-5}	0. 0014	0. 9778	5.54×10^{-57}
	JL	$y=\beta_0+\beta_1/X$	0. 1579	2.41×10^{-9}	1. 2101	9.99×10^{-14}					0. 5439	9.99×10^{-14}

表 3-21　林冠截留、树干流与林内降雨的关系

因变量		回归模型	参数								R^2	P
			β_0	P	β_1	P	β_2	P	β_3	P		
CK_S	J	$y=\beta_0 X^{\beta_1}$	3. 6475	2.07×10^{-17}	0. 1094	0. 0004					0. 1618	0. 0004
	G	$y=\beta_0+\beta_1X+\beta_2X^2+\beta_3X^3$	0. 0544	0. 1427	-0. 0022	0. 7363	0. 0003	0. 0306	-1. 300	0. 0420	0. 5753	7.58×10^{-13}
	JL	$y=\beta_0+\beta_1\ln(X)$	0. 6611	2.65×10^{-46}	-0. 1353	1.07×10^{-32}					0. 8659	1.07×10^{-32}
T_{ZS}	J	$y=\beta_0+\beta_1X+\beta_2X^2+\beta_3X^3$	0. 9801	0. 3573	0. 4581	5.82×10^{-5}	-0. 0132	4.17×10^{-6}	0. 0001	5.15×10^{-8}	0. 5760	7.13×10^{-13}
	G	$y=\beta_0+\beta_1\ln(X)$	-0. 2906	0. 0476	0. 3299	2.77×10^{-9}					0. 3941	2.77×10^{-9}
	JL	$y=\beta_0+\beta_1\ln(X)$	0. 5706	0. 6213	-0. 1258	1.27×10^{-16}					0. 6213	1.27×10^{-16}

（续）

因变量		回归模型	参数								R^2	P
			β_0	P	β_1	P	β_2	P	β_3	P		
T_{ZC}	J	$y=\beta_0 X^{\beta_1}$	2. 3540	3.03×10^{-15}	0. 2167	1.48×10^{-8}					0. 3655	1.48×10^{-4}
	G	$y=\beta_0 X^{\beta_1}$	0. 0129	1.02×10^{-9}	1. 2013	9.18×10^{-37}					0. 8969	0.918×10^{-37}
	JL	$y=\beta_0+\beta_1\ln(X)$	0. 6410	2.66×10^{-44}	−0. 1421	2.23×10^{-32}					0. 8631	2.23×10^{-32}
T_{ZK}	J	$y=\beta_0 e^{\beta_1 X}$	1. 4206	5.93×10^{-35}	−0. 1374	0. 0002					0. 1806	0. 0002
	G	$y=\beta_0 X^{\beta_1}$	0. 0158	1.41×10^{-7}	1. 2399	1.32×10^{-32}					0. 8651	1.32×10^{-32}
	JL	$y=\beta_0+\beta_1\ln(X)$	0. 6615	3.70×10^{-35}	−0. 1491	8.58×10^{-47}					0. 8856	3.70×10^{-35}
T_{ZK2}	J	$y=\beta_0 X^{\beta_1}$	2. 2125	6.39×10^{-16}	0. 2362	3.97×10^{-10}					0. 4258	3.97×10^{-10}
	G	$y=\beta_0 X^{\beta_1}$	0. 0068	1.89×10^{-7}	1. 3211	4.71×10^{-34}					0. 8772	4.71×10^{-34}
	JL	$y=\beta_0+\beta_1\ln(X)$	0. 6183	1.42×10^{-46}	−0. 1344	4.95×10^{-34}					0. 8770	4.95×10^{-34}
CK_K	J	$y=\beta_0+\beta_1 X+\beta_2 X^2+\beta_3 X^3$	1. 9606	0. 0824	0. 3443	0. 0040	−0. 0097	0. 0012	8.4×10^{-5}	2.43×10^{-5}	0. 5700	1.16×10^{-12}
	G	$y=\beta_0+\beta_1 X+\beta_2 X^2+\beta_3 X^3$	0. 0212	0. 6234	0. 0025	0. 5709	0. 0002	0. 0035	-1.52×10^{-6}	0. 0384	0. 7606	2.21×10^{-21}
	JL	$y=\beta_0+\beta_1\ln(X)$	0. 5936	3.03×10^{-32}	−0. 1270	2.54×10^{-21}					0. 7202	2.54×10^{-21}

(二)树干径流、林内降雨、林冠截留及截留率与降雨量的关系

林分林冠截留、树干径流及林内降雨除了与林分自身特征相关外，还与大气降雨量及其降雨强度紧密相关。大部分研究认为，林冠截留量与降水量呈正相关关系(黄承标和文受春，1993；Bruijnzeel & Wiersum，1987)，一般来说，二者之间的关系在降雨初始或雨量很小时表现十分明显，但截留率随着降雨量的增加而减小。斯里兰卡热带树种研究表明，林外降雨的雨滴动能决定着林冠截留量随雨滴大小的增加而减小的程度(Calder，1996；Hall et al.，1996)。Hall(2003)通过研究不同林型和不同雨型下的林冠截留特性得出：不同的树冠类型差异决定了种间的树冠截留的差异，而降雨量大小和降雨频次的改变对林冠截留产生的影响较雨强更大。

分别对6种试验林分林冠截留、树干径流和林内降雨与大气降雨量进行曲线回归分析发现(表3-20)：三次曲线($y=\beta_0+\beta_1X+\beta_2X^2+\beta_3X^3$)方程较适合拟合林内降雨与大气降雨量及杉竹混交林和常绿阔叶林林冠截留、树干流与降雨量的关系的关系；S曲线($y=e^{\beta_0+\beta_1/X}$)较适应拟合毛竹纯林、8竹2阔林、6竹4阔林和杉木混交林林冠截留与降雨量和杉竹混交林林冠截留率与降雨量的关系；而幂函数($y=\beta_0 X^{\beta_1}$)较适应拟合毛竹纯林和6竹4阔林林冠截留率与降雨量的关系和8竹2阔林和6竹4阔林林内林冠截留率与降雨量的关系，逆函数($y=\beta_0+\beta_1/X$)较适应拟合常绿阔叶林林冠截留率与降雨量的关系。各林分林冠截留、树干径流、林内降雨和林冠截留率分别与大气降雨量的拟合方程详见表3-21，表中拟合方程表明，各林分林冠截留量、林冠截留率在一定范围内随降雨量的增加而增加，当降雨量超过某一值时，各林分的林冠截留量增加缓慢；而各林分林内降雨量和树干流在很大范围内随降雨量的增加而增大(因为一次降雨量一般100毫米以内，而方程中不是X_3项的系数为负且非常小，就是X_2项为负较大，X_3项为正却较小)，与实际情况是相一致的，模型检验表明，这些拟合方程效果较好。

(三)林冠截留、树干径流及截留率与林内降雨的关系

由于雨强、雨量、降雨历时、雨型、风速及林冠因子都会对穿透降雨(林内降雨)造成影响(张一平等，2004)，故穿透降雨量在一定程度上反映了林分林冠特性及其林冠截留能力。分别对树干径流、林冠截留及其截留率与林内降雨量的关系进行拟合，从拟合优度最佳出发得到各林分树干

径流、林冠截留及其截留率与林内降雨的拟合曲线方程，拟合结果详见表3-21。

由表3-21可看出，幂函数曲线($y=\beta_0 X^{\beta_1}$)较适合用来拟合毛竹纯林、8竹2阔林、6竹4阔林林冠截留量、树干径流和杉木纯林林冠截留量与林内降雨量的关系；对数曲线[$y=\beta_0+\beta_1\ln(X)$]较适应拟合所有林分林冠截留率及杉木纯林树干流与林内降雨的关系；而三次曲线($y=\beta_0+\beta_1X+\beta_2X^2+\beta_3X^3$)对拟合杉竹混交林林冠截留量、杉木林树干流及常绿阔叶林林冠截留、树干流与林内降雨量的关系。

从拟合方程来看，在现有数据条件下，各林分林冠截留量、树干径流量随林内降雨量的增加而增加，而林冠截留率则表现为随林内降雨量的增加而降低。此结果与事实基本一致，说明这些林分具有较好的林冠截留能力。

二、枯落物持水

(一)枯落物储量

不同林分枯落物储量差异较大(表3-22)，杉木纯林林下枯落物储量最大，达14.6吨/公顷；常绿阔叶林次之，为8.3吨/公顷，毛竹纯林枯落物储量最小，仅为4.7吨/公顷。有毛竹的林分以8竹2阔林林地枯落物储量最高，为7.0吨/公顷，6竹4阔林次之，为5.7吨/公顷，即林地枯落物随着针叶树比例的增加而增加，在一定范围内随阔叶树比例增加而增

表3-22 不同林地枯落物储量

林分类型	枯落物储量(吨/公顷)						
	总储量	未分解层		半分解层		分解层	
		储量	占总储量比(%)	储量	占总储量比(%)	储量	占总储量比(%)
CK_S	14.6	4.3	29.5	5.4	37.0	4.9	33.6
T_{ZS}	5.6	1.5	26.8	2.5	44.6	1.6	28.6
T_{ZC}	4.7	0.9	19.1	2.2	46.8	1.6	34.0
T_{ZK1}	7.0	1.2	17.1	3.5	50.0	2.3	32.9
T_{ZK2}	5.7	1.3	22.8	2.5	43.9	1.9	33.3
CK_K	8.3	1.0	12.0	4.3	51.8	3.0	36.1

加，阔竹混交比例大于某一值时，由于毛竹采伐利用水平的限制，其林地枯落物贮量有所下降。

分析枯落物未分解层、半分解层和分解层储量发现：不同林分类型林下枯落物各层次储量所占比例各不相同，但总体表现为半分解层所占比例最高，平均占总储量的 45.7%，未分解层比例最低，平均占总储量的 21.2%。其中常绿阔叶林林下未分解层枯落物所占比例最低，占总储量的 12.0%；而杉木纯林下枯落物未分解层所占比例最大，占总储量的 29.5%，杉竹混交林次之。导致此结果的原因主要与阔叶树枯枝落叶和竹叶分解较快、杉木林枯落物分解缓慢密切相关。而杉木纯林下半分解层枯落物占总枯落物储量的比例最低，这主要与竹林每年劈一次山、毛竹落叶特性、竹叶分解特性及毛竹采伐利用方式有关，研究区采伐毛竹时只带走竹秆，将竹枝和竹叶留在林地，而杉木中龄林没有抚育措施，杉木枯枝落叶分解缓慢有关。各林分林下分解层枯落物所占比例相差不大。

（二）枯落物持水性

1. 不同层次枯落物持水量

从表 3-23 中可以看出，杉木林林下枯落物持水能力最强，其枯落物未分解层、半分解层和分解层最大持水量在 4 种林分中均为最大，未分解层枯落物最大持水量以杉竹混交林次之(0.593 毫米)，半分解层枯落物最大持水量以常绿阔叶林次之(0.701 毫米)，已分解层枯落物最大持水量以 8 竹 2 阔林次之(0.450 毫米)，常绿阔叶林未分解层枯落物最大持水量最低(0.114 毫米)，毛竹纯林半分解层枯落物最大持水量最低(0.378 毫米)，杉竹混交林已分解层枯落物最大持水量最低(0.268 毫米)。综合考虑，杉木林枯落物最大持水量最高，8 竹 2 阔林和常绿阔叶林次之，毛竹林最差，其林下枯落物未分解层、半分解层和分解层最大持水量分别为 0.716 毫米、0.215 毫米、0.114 毫米和 0.208 毫米、1.076 毫米、0.633 毫米、0.701 毫米和 0.378 毫米、0.876 毫米、0.450 毫米、0.398 毫米和 0.330 毫米。

对竹林林下枯落物持水量分析发现，枯落物未分解层持水量随着阔叶树比例的增加而增加，而半分解层和分解层持水量与阔叶树比例的关系是：在一定范围内随着阔叶树比例的增加而增加，但比例达到某一值时，又有所下降。产生此结果的原因主要是由植物落叶习性、经营措施、枯落

表 3-23 不同林地枯落物持水量

毫米

林分类型		浸泡时间(小时)											
		0. 25	0. 5	1. 0	1. 5	2. 5	3. 5	5. 5	7. 5	9. 5	11. 5	20	24
CK_S	未分解层	0. 347	0. 427	0. 447	0. 482	0. 525	0. 561	0. 607	0. 646	0. 663	0. 671	0. 715	0. 716
	半分解层	0. 711	0. 763	0. 812	0. 836	0. 887	0. 898	0. 91	0. 928	1. 024	1. 03	1. 073	1. 076
	分解层	0. 724	0. 754	0. 797	0. 806	0. 816	0. 826	0. 836	0. 838	0. 84	0. 868	0. 874	0. 876
T_{ZS}	未分解层	0. 145	0. 161	0. 182	0. 185	0. 211	0. 214	0. 233	0. 242	0. 244	0. 254	0. 269	0. 270
	半分解层	0. 363	0. 431	0. 462	0. 485	0. 498	0. 511	0. 532	0. 565	0. 574	0. 577	0. 592	0. 593
	分解层	0. 165	0. 223	0. 232	0. 238	0. 244	0. 249	0. 254	0. 258	0. 262	0. 264	0. 266	0. 268
T_{ZC}	未分解层	0. 126	0. 131	0. 147	0. 154	0. 169	0. 170	0. 176	0. 181	0. 196	0. 200	0. 207	0. 208
	半分解层	0. 247	0. 27	0. 287	0. 303	0. 323	0. 336	0. 343	0. 349	0. 356	0. 361	0. 375	0. 378
	分解层	0. 233	0. 25	0. 266	0. 276	0. 293	0. 305	0. 32	0. 322	0. 323	0. 325	0. 328	0. 330
T_{ZK}	未分解层	0. 132	0. 138	0. 155	0. 166	0. 177	0. 184	0. 194	0. 200	0. 206	0. 208	0. 215	0. 215
	半分解层	0. 353	0. 432	0. 461	0. 484	0. 501	0. 518	0. 542	0. 562	0. 582	0. 59	0. 63	0. 633
	分解层	0. 358	0. 384	0. 398	0. 405	0. 412	0. 415	0. 418	0. 422	0. 425	0. 434	0. 449	0. 450
T_{ZK2}	未分解层	0. 138	0. 151	0. 161	0. 173	0. 196	0. 197	0. 206	0. 218	0. 225	0. 231	0. 239	0. 242
	半分解层	0. 292	0. 327	0. 353	0. 363	0. 377	0. 388	0. 406	0. 426	0. 443	0. 451	0. 471	0. 473
	分解层	0. 301	0. 319	0. 331	0. 342	0. 352	0. 365	0. 372	0. 382	0. 388	0. 393	0. 402	0. 403
CK_K	未分解层	0. 043	0. 055	0. 060	0. 068	0. 079	0. 083	0. 087	0. 094	0. 103	0. 107	0. 114	0. 114
	半分解层	0. 393	0. 436	0. 480	0. 486	0. 543	0. 561	0. 605	0. 618	0. 648	0. 661	0. 699	0. 701
	分解层	0. 210	0. 256	0. 296	0. 305	0. 323	0. 334	0. 348	0. 364	0. 384	0. 396	0. 398	0. 398

物分解速率差异以及调查时间等共同作用所致。对此，以后将作深入研究。

对各林分不同层次枯落物持水量研究发现，各林分林下枯落物未分解层、半分解层和分解层最大持水量相比均表现为：半分解层持水量最高，其次是分解层持水量，未分解层持水量最低，这与林下不同层次枯落物储量呈现相同的规律，说明枯落物持水量与其储量密切相关。

2. 枯落物持水量与浸泡时间关系

用 SPSS 统计软件对试验林分林下枯落物未分解层、半分解层和分解层持水量与时间关系分析拟合，发现枯落物持水量与时间之间存在下列关系：

$$S=k\ln t+P \tag{3-6}$$

式中：S——枯落物持水量（毫米）；

t——浸泡时间（小时）；

k——方程系数；

P——方程常数项。

表 3-24　林地枯落物持水量与浸泡时间的关系

林分类型	未分解层		半分解层		分解层	
	关系式	R^2	关系式	R^2	关系式	R^2
CK_S	$S=0.0836\ln t+0.4619$	0.990	$S=0.0811\ln t+0.8101$	0.960	$S=0.0313\ln t+0.7818$	0.957
T_{ZS}	$S=0.00083\ln t+0.1815$	0.997	$S=0.0484\ln t+0.4536$	0.976	$S=0.0178\ln t+0.2212$	0.815
T_{ZC}	$S=0.0192\ln t+0.1478$	0.980	$S=0.0289\ln t+0.2909$	0.991	$S=0.0227\ln t+0.2690$	0.959
T_{ZK1}	$S=0.0200\ln t+0.1573$	0.988	$S=0.05701\ln t+0.4521$	0.985	$S=0.0176\ln t+0.3920$	0.957
T_{ZK2}	$S=0.0242\ln t+0.1676$	0.976	$S=0.0396\ln t+0.3476$	0.989	$S=0.0231\ln t+0.3333$	0.996
CK_K	$S=0.0163\ln t+0.0635$	0.988	$S=0.0709\ln t+0.4802$	0992	$S=0.0408\ln t+0.02830$	0.974

分析拟合得到不同林分枯落物持水量 S 与浸泡时间 t 的关系式（表 3-24）。枯落物未分解层和半分解层浸入水中 0~2 小时，枯落物分解层浸入水中 0~1 小时，其持水量有一个急速上升的过程，此后随着浸泡时间的延长枯落物持水量的增加变缓，杉木林未分解层枯落物约 8~10 小时后，其持水量基本不再随浸泡时间发生变化。而杉木半分解层和分解层枯落物和其余林分林下枯落物在浸泡 2~4 小时就基本达到饱和，这表明枯落物持水量随时间的变化过程不仅与林分类型有关，还与枯落物分解状

态有关。

3. 枯落物吸水速率与浸泡时间关系

同样，用 SPSS 统计软件对各类型林分林下枯落物未分解层、半分解层和分解层持水量与浸泡时间关系分析拟合，发现枯落物持水量与浸泡时间之间存在下列关系。

$$V=at^{-1}+b \tag{3-7}$$

式中：V——枯落物持水量(毫米)；

t——浸泡时间(小时)；

a——方程系数；

b——方程常数项。

各林分林下枯落物未分解层、半分解层和分解层持水量与浸泡时间的关系见表 3-25，各模型的拟合优度均达到了 0.98 以上，非常理想。

表 3-25　林地枯落物吸水速率与时间的关系

林分类型	未分解层		半分解层		分解层	
	关系式	R^2	关系式	R^2	关系式	R^2
CK_S	$V=0.3506t^{-1}+0.0529$	0.989	$V=0.7108t^{-1}+0.0482$	0.998	$V=0.7252t^{-1}+0.0270$	0.999
T_{ZS}	$V=0.1444t^{-1}+0.0173$	0.998	$V=0.3666t^{-1}+0.0447$	0.991	$V=0.1717t^{-1}+0.0237$	0.987
T_{ZC}	$V=0.1247t^{-1}+0.0109$	0.998	$V=0.2475t^{-1}+0.0202$	0.997	$V=0.2325t^{-1}+0.0165$	0.998
T_{ZK1}	$V=0.1310t^{-1}+0.0122$	0.998	$V=0.3594t^{-1}+0.0447$	0.988	$V=0.3604t^{-1}+0.0154$	0.999
T_{ZK2}	$V=0.1373t^{-1}+0.0140$	0.997	$V=0.2929t^{-1}+0.0266$	0.996	$V=0.3009t^{-1}+0.0154$	0.999
CK_K	$V=0.0431t^{-1}+0.0096$	0.990	$V=0.3923t^{-1}+0.4132$	0.998	$V=0.2126t^{-1}+0.0330$	0.993

由表 3-26 和图 3-8 可知，枯落物在前 1 小时内，吸水速率急剧下降，约 2 小时后下降速度明显减缓并趋于稳定。杉木纯林与毛竹林和竹阔混交林浸入水中刚开始时其吸水速率相差较大，而毛竹林和竹阔混交林浸入水中刚开始时其吸水速率相差较小，这是因为这些林分中都有毛竹，因此具有一定的相似性。但随着浸泡时间的延长，各林分枯落物吸水速率趋向一致，其原因是随着浸泡时间的增加，不同种类枯落物吸水趋于饱和。同时，在一定程度上也反映出，杉木林林下枯落物吸水速率及其最大持水量均高于毛竹纯林、8 竹 2 阔林和 6 竹 4 阔林。

表 3-26 不同林地枯落物吸水速率

毫米/小时

林分类型		浸泡时间(小时)											
		0.25	0.5	1.0	1.5	2.5	3.5	5.5	7.5	9.5	11.5	20	24
CK_S	未分解层	1.389	0.854	0.447	0.321	0.210	0.160	0.110	0.086	0.070	0.058	0.036	0.030
	半分解层	2.844	1.526	0.812	0.557	0.355	0.256	0.165	0.124	0.108	0.090	0.054	0.045
	分解层	2.897	1.509	0.797	0.537	0.326	0.236	0.152	0.112	0.088	0.076	0.044	0.037
T_{ZS}	未分解层	0.580	0.322	0.182	0.123	0.084	0.061	0.042	0.032	0.026	0.022	0.013	0.011
	半分解层	1.452	0.862	0.462	0.323	0.199	0.146	0.097	0.111	0.060	0.050	0.030	0.025
	分解层	0.660	0.446	0.232	0.159	0.098	0.071	0.046	0.034	0.028	0.023	0.013	0.011
T_{ZC}	未分解层	0.504	0.262	0.147	0.103	0.068	0.049	0.032	0.024	0.021	0.017	0.010	0.009
	半分解层	0.990	0.540	0.287	0.202	0.129	0.096	0.062	0.047	0.037	0.031	0.019	0.016
	分解层	0.931	0.499	0.266	0.184	0.117	0.087	0.058	0.043	0.034	0.028	0.016	0.014
T_{ZK}	未分解层	0.530	0.276	0.155	0.111	0.071	0.053	0.035	0.027	0.022	0.018	0.011	0.009
	半分解层	1.413	0.864	0.461	0.322	0.200	0.148	0.099	0.075	0.061	0.051	0.031	0.026
	分解层	1.434	0.767	0.398	0.270	0.165	0.118	0.076	0.056	0.045	0.038	0.022	0.019
T_{ZK2}	未分解层	0.552	0.302	0.161	0.115	0.078	0.056	0.037	0.029	0.024	0.020	0.012	0.010
	半分解层	1.166	0.655	0.353	0.242	0.151	0.111	0.074	0.057	0.047	0.039	0.024	0.020
	分解层	1.203	0.638	0.331	0.228	0.141	0.104	0.068	0.051	0.041	0.034	0.020	0.017
CK_K	未分解层	0.172	0.110	0.060	0.045	0.032	0.024	0.016	0.013	0.011	0.009	0.006	0.005
	半分解层	1.572	0.872	0.480	0.324	0.217	0.160	0.110	0.082	0.068	0.057	0.035	0.029
	分解层	0.840	0.512	0.296	0.203	0.129	0.095	0.063	0.049	0.040	0.034	0.020	0.017

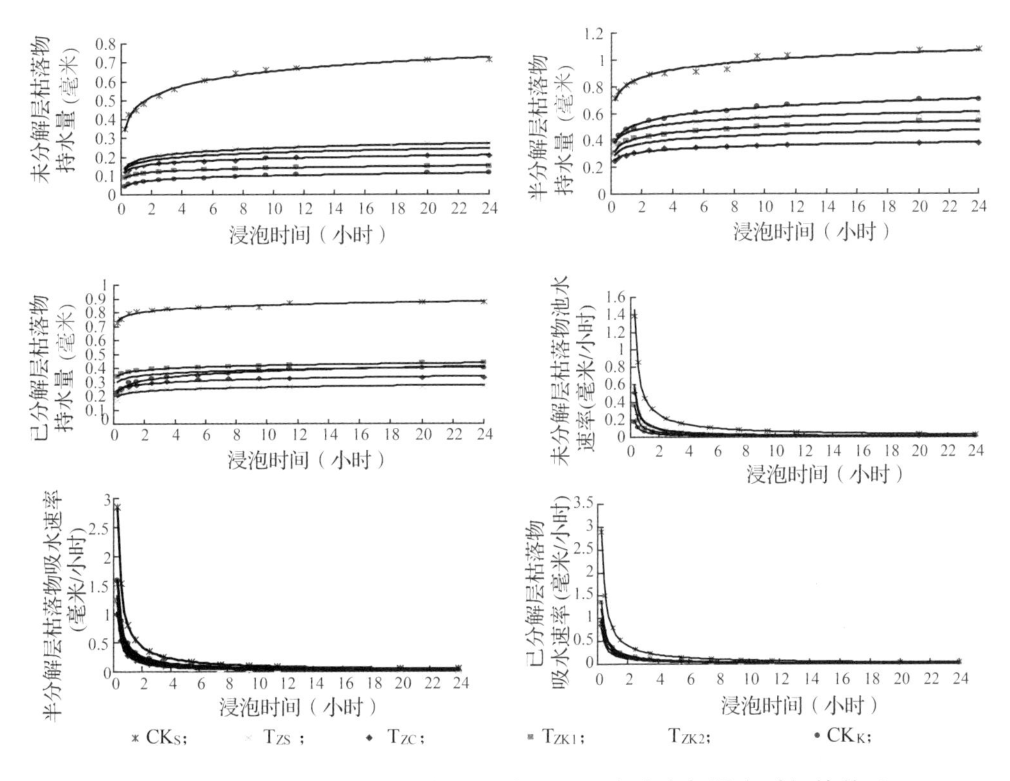

图 3-8　各林分不同层次枯落物持水量、吸水速率与浸泡时间的关系

(三)枯落物对降雨的拦蓄能力

各林分不同枯落物类型持水率差异较大(表3-27)，未分解层枯落物最大持水率为114.75%~220.79%，半分解层枯落物最大持水率为163.18%~230.80%，已分解层枯落物最大持水率为134.82%~208.66%。其中未分解层枯落物最大持水率以毛竹纯林的最高，6竹4阔林的次之；半分解层枯落物最大持水率以杉竹混交林最高，杉木纯林的次之；已分解层枯落物以6竹4阔林的最高，毛竹纯林的次之，常绿阔叶林所有枯落物类型最大持水率最低，这主要与群落树种组成及其枯落物化学性质密切相关。各林分林下枯落物自然含水量与枯落物蓄积量相关，枯落物蓄积量大的其自然含水量也高，枯落物半分解层和分解层表现尤其明显；而林下枯落物三个层次的最大拦蓄、自然含水量、有效拦蓄和总有效拦蓄均以杉木林最高，且各林分林下枯落物3层次中均以半分解层的最大拦蓄、自然含水量和有效拦蓄最大，未分解层最小。整体考虑，各林分林下枯落物层自然含水量大小依次为：CK_S(0.84毫米)>CK_K(0.40毫米)>T_{ZK1}(0.35毫米)>T_{ZS}(0.30毫米)>T_{ZK2}(0.26毫米)>T_{ZC}(0.19毫米)，其中8竹2阔林林下枯落物层自然持水量分别是毛竹纯林、6竹4阔林和杉木林的1.80倍、1.37倍和0.41倍；总有效拦蓄大小依次为：CK_S(1.43毫米)>T_{ZK1}(0.76毫米)>T_{ZK2}(0.69毫米)>T_{ZS}(0.67毫米)>CK_K(0.66毫米)>T_{ZC}(0.58毫米)，其中8竹2阔林林下枯落物层有效拦蓄分别是毛竹纯林、常绿阔叶林、杉竹混交林、6竹4阔林和杉木林的1.31倍、1.15倍、1.13倍、1.10倍和0.53倍。结合各林分枯落物吸水速率可得如下结论：在各林分内，当降雨量和降雨强度小于某一定值时不会产生下渗地表径流，杉木林、竹阔比为8∶2的竹阔林、竹阔比为6∶4的竹阔林、杉竹混交林、常绿阔叶林和毛竹纯林内降雨量和降雨强度分别为：1.43毫米和7.13毫米/小时、0.76毫米和3.38毫米/小时、0.69和2.92毫米/小时、0.67毫米和2.69毫米/小时、0.66毫米和2.58毫米/小时和0.58毫米和2.43毫米/小时。

综上可知，6种林分中，杉木林林下枯落物储量最大，为14.6吨/公顷，常绿阔叶林次之，为8.3吨/公顷，毛竹纯林最低，为4.7吨/公顷，基本上呈现随随混交的针叶树/阔叶树比例的增加而增加的态势。各林分未分解层、半分解层和分解层枯落物储量所占比例各不相同，但各林分半分解层枯落物储量占总量的比例最高，未分解层所占的比例最低。8竹2阔林林下落物持水能力劣于杉木纯林，但其持水能力在竹林中最佳，其最大持水量为1.30毫米，毛竹纯林林下枯落物持水能力最低，其最大持水量为0.92毫米；各林分未分解层、半分解层和分解层枯落物最大持水量呈现相似的规律，即半分解层枯落物最大持水量最大，未分解层的最低，说明枯落物持水量与其储量关系密切。

森林枯落物储量不仅与林分结构、林龄、立地条件和枯落物状态有关，还与纬度、海拔、温度、湿度和土壤生物密切相关。枯落物持水量决定于枯落物的质和量，而树种组成、气候、林木生理特性、土壤生物活性、枯落物分解特性及分解状态、经营措施等因素共同影响着各林分林地枯落物的质和量。与前人研究结果相比，本报告中竹林林下枯落物储量和持水量偏小，其原因主要有：①毛竹生物学特性：毛竹竹叶生物量小，平均占总生物量的5.51%，落叶集中；②竹林枯落物分解迅速，适应真菌繁殖；③试验点年均气温较高，降雨充沛，湿度大，适应微生物繁殖，致使竹林枯落物枯落物分解较迅速，枯落物储量较其他林分低；④试验竹林虽为粗放经营，但每年劈草灌一次使得林下植被稀少。

表 3-27　林地枯落物持水量与降雨的关系

林分类型		最大持水率(量)			自然含水率(量)			有效拦蓄率(量)				总有效拦蓄量
		(%)	(%)	(毫米)	(%)	(%)	(毫米)	(%)	(%)	(吨/公顷)	(毫米)	(毫米)
CK_S	未分解层	166.71	181.48	0.72	42.43	57.18	0.18	99.27	97.08	4.27	0.43	1.43
	半分解层	197.57		1.08	63.27		0.34	104.66		5.65	0.57	
	分解层	180.17		0.88	65.84		0.32	87.3		4.28	0.43	
T_{ZS}	未分解层	176.13	192.79	0.27	43.45	51.02	0.07	106.26	112.85	1.63	0.16	0.67
	半分解层	230.80		0.59	57.55		0.15	138.63		3.56	0.36	
	分解层	171.44		0.27	52.06		0.08	93.66		1.46	0.15	
T_{ZC}	未分解层	220.79	201.55	0.21	36.50	41.99	0.03	151.17	129.33	1.36	0.14	0.58
	半分解层	175.61		0.38	37.02		0.08	112.25		2.47	0.25	
	分解层	208.26		0.33	52.45		0.08	124.57		1.87	0.19	
T_{ZK1}	未分解层	176.69	187.82	0.22	41.83	48.70	0.05	108.36	110.95	1.30	0.13	0.76
	半分解层	181.20		0.63	52.13		0.18	101.89		3.57	0.36	
	分解层	205.58		0.45	52.15		0.12	122.59		2.70	0.27	
T_{ZK2}	未分解层	187.23	193.99	0.24	44.43	44.61	0.06	114.72	120.28	1.49	0.15	0.69
	半分解层	186.07		0.47	41.91		0.11	116.25		2.91	0.29	
	分解层	208.66		0.40	47.49		0.09	129.87		2.47	0.25	
CK_K	未分解层	114.75	137.58	0.11	33.93	41.38	0.03	63.61	75.57	0.63	0.06	0.66
	半分解层	163.18		0.70	46.84		0.24	91.86		3.94	0.39	
	分解层	134.82		0.40	43.37		0.13	71.23		2.10	0.21	

各林分不同层次枯落物持水量和吸水速率随时间变化规律不尽相同（图 3-8），未分解层和半分解枯落物在浸水 0~2 小时、分解层枯落物浸水 0~1 小时，其持水量急速上升，此后，除杉木林未分解层和半分解层枯落物外，各林分不同枯落物持水量在 2~4 小时后基本饱和；浸水初期，杉木林林下不同枯落物的吸水速率明显高于各类竹林相应的枯落物吸水速率，不同竹林相应枯落物的吸水速率间相差不大，但随着浸水时间的增加，各林分未分解层枯落物在对枯落物吸水速率在约 22 小时后趋于一致，而半分解层和分解层枯落物吸水速率在约 8 小时后趋于一致。

对 6 种林分林下枯落物层持水量与浸泡时间回归分析发现（表 3-24），两者存在以下关系：$S=k\ln t+p$，对 4 种林分枯落物层吸水速率与浸泡时间回归分析发现，两者存在以下关系：$V=at^{-1}+b$，枯落物持水量及吸水速率与浸泡时间的回归关系式与王云琦等（2004）和陈金花等（2003）的研究结果相同。与张洪江等（2003）和龚伟等（2006）对枯落物层吸水速率与浸泡时间进行分析得到的关系式：$V=ktn$ 有一定的差异。

综合林下枯落物储量、最大持水量和有效拦蓄量可得，6 种林分林下枯落物水文作用大小依次为：$CK_S>T_{ZK1}>CK_K>T_{ZS}>T_{ZK2}>T_{ZC}$。8 竹 2 阔林林下枯落物持水能力虽小于杉木纯林，但在竹林中最强，在只有林下枯落物覆盖，林内不产生水分下渗和地表径流时，8 竹 2 阔林林内最大降雨量和最大雨强分别为 0.76 毫米和 3.38 毫米/小时。对此，在南方丘陵地区竹林发展及水土流失防治过程中应加以重视。

三、土壤贮水

土壤贮水能力是评价水源涵养、调节水循环的主要指标之一，从土壤保水能力看，毛管孔隙中的水分可以长时间保持在土壤中，主要用于植物根系吸收和土壤蒸发。对各试验林分毛管贮水量分析发现，除少数林分外，各试验林分毛管贮水能力随土壤深度的增加而减弱（表 3-28），这主要由林地土壤孔隙度随土层的表化规律决定的。各林分土壤毛管贮水量变化幅度为 815.56~985.33 吨/公顷，0~20 厘米、20~40 厘米和 40~60 厘米土层土壤毛管贮水量最高的林分为 8 竹 2 阔林、常绿阔叶林和常绿阔叶林，分别为 979.33 吨/公顷、985.33 吨/公顷和 982.44 吨/公顷，各土层土壤毛管贮水量最低的林分全为杉木林，分别为 888.22 吨/公顷、882.22

吨/公顷和815.56吨/公顷。毛管贮水量均值表现为：CK_K(976.59吨/公顷)>T_{ZS}(957.93吨/公顷)>T_{ZC}(937.89吨/公顷)>T_{ZK1}(926.96吨/公顷)>T_{ZK2}(909.30吨/公顷)>CK_S(862.00吨/公顷)。

从土壤贮水能力看，非毛管孔隙能较快容纳降水并及时下渗，更加有利于涵养水源。不同林分类型土壤非毛管的孔隙度不同，林地贮水能力不一样。土壤非毛管贮水量作为评价林地土壤水源涵养能力的重要指标，不同林地之间的差别较大，其变化范围为59.33~205.33吨/公顷，且各林分土壤非毛管贮水量随土层的增加而降低。其中0~20厘米土层土壤非毛管贮水量最高的林分为杉木林，为205.33吨/公顷，其次为8竹2阔林，为186.00吨/公顷，毛竹纯林的最低，为92.00吨/公顷；20~40厘米和40~60厘米土层中土壤非毛管贮水量最高的林分全为8竹2阔林，分别为147.89吨/公顷和160.00吨/公顷，常绿阔叶林次之，分别为149.78吨/公顷和132.67吨/公顷，毛竹纯林20~40厘米土层土壤非毛管贮水量最低，为77.78吨/公顷，而40~60厘米土层土壤非毛管贮水量最低的为杉竹混交林，为59.33吨/公顷。6种林分类型的土壤非毛管贮水量由大到小依次是T_{ZK1}(173.64吨/公顷)>CK_K(149.04吨/公顷)>CK_S(146.81吨/公顷)>T_{ZK2}(111.87吨/公顷)>T_{ZS}(92.67吨/公顷)>T_{ZC}(77.26吨/公顷)。

表3-28　不同林分类型土壤孔隙度和贮水能力

林分类型	土层	总孔隙度	毛管孔隙度	非毛管孔隙度	饱和贮水量(吨/公顷)	毛管贮水量(吨/公顷)	非毛管贮水量(吨/公顷)
CK_S	A_1	54.68	44.41	10.27	1093.60	888.22	205.33
	A_2	50.29	44.11	6.18	1005.80	882.22	123.56
	A_3	46.36	40.78	5.58	927.20	815.56	111.56
平均值		50.44	43.10	7.34	1008.87	862.00	146.81
T_{ZS}	A_1	52.70	46.30	6.40	1054.00	926.00	128.00
	A_2	52.89	48.36	4.53	1057.80	967.11	90.67
	A_3	52.00	49.03	2.97	1040.00	980.67	59.33
平均值		52.53	47.90	4.63	1050.60	957.93	92.67
T_{ZC}	A_1	52.17	47.57	4.60	1043.40	951.44	92.00
	A_2	51.18	47.29	3.89	1023.60	945.78	77.78
	A_3	48.92	45.82	3.10	978.40	916.44	62.00
平均值		50.76	46.89	3.86	1015.13	937.89	77.26

（续）

林分类型	土层	总孔隙度	毛管孔隙度	非毛管孔隙度	饱和贮水量（吨/公顷）	毛管贮水量（吨/公顷）	非毛管贮水量（吨/公顷）
T_{ZK1}	A_1	58.27	48.97	9.30	1165.40	979.33	186.00
	A_2	56.99	48.24	8.74	1139.80	964.89	174.89
	A_3	49.83	41.83	8.00	996.60	836.67	160.00
平均值		55.03	46.35	8.68	1100.60	926.96	173.64
T_{ZK2}	A_1	53.94	46.14	7.81	1078.80	922.78	156.11
	A_2	50.70	44.56	6.14	1014.00	891.11	122.89
	A_3	49.56	45.70	3.86	991.20	914.00	77.11
平均值		51.40	45.46	5.94	1028.00	909.30	118.70
CK_K	A_1	56.33	48.10	8.23	1126.60	962.00	164.67
	A_2	56.76	49.27	7.49	1135.20	985.33	149.78
	A_3	55.76	49.12	6.63	1115.20	982.44	132.67
平均值		56.28	48.83	7.45	1125.67	976.59	149.04

各林地整个土壤剖面土壤饱和贮水量有较大差异，其变化范围为927.20~1165.40 吨/公顷各林分土壤饱和贮水量随土层变化呈现土壤饱和贮水量随土层的增加而降低的态势。在 0~20 厘米和 20~40 厘米土层中，8 竹 2 阔林饱和贮水量最大，为 1165.4 吨/公顷和 1139.80 吨/公顷，其次为常绿阔叶林，为 1126.60 吨/公顷和 1135.20 吨/公顷，毛竹林 0~20 厘米土层土壤饱和贮水量最低，为 1043.40 吨/公顷，杉木林 20~40 厘米土壤饱和贮水量最低，为 1005.80 吨/公顷；40~60 厘米土层土壤饱和贮水量表现为常绿阔叶林土壤饱和贮水量最好，为 1115.20 吨/公顷；杉竹混交林次之，为 1050.60 吨/公顷，杉木林最差，为 927.20 吨/公顷。就土壤三层土壤饱和持水量均值看，常绿阔叶林土壤饱和贮水量最高，为1125.67 吨/公顷，8 竹 2 阔林次之，为 1100.60 吨/公顷，较紧随其后的杉竹混交林高 50.00 吨/公顷，较土壤饱和贮水量最低的杉木林高出 91.73 吨/公顷，说明 8 竹 2 阔林林地土壤贮水分和调节水分的潜在能力明显高于常绿阔叶林以外的试验林分。同时，土壤贮水性能的提高将使土壤具有更大的接纳降雨能力，从而为 8 竹 2 阔林生长提供更为良好的土壤水分环境。因此，虽 8 竹 2 阔林土壤水源涵养功能较常绿阔叶林弱，但其水源涵养功能在竹林中最强，杉木纯林土壤水源涵养功能最弱，即林地最大贮水量呈现随阔叶树比例的增加而增加的态势。因此，在经营毛竹林时，可通

过适当调节林分树种组成，增加阔叶比例增强其水源涵养功能。

四、林分水源涵养能力分析

各试验林分林冠截留、枯落物持水及土壤贮水优劣次序不尽一致(表3-29)，对各林分水源涵养能力分析表明：①枯落物持水占林分总水源涵养的比例非常小，平均为0.20%，其中杉木近熟林枯落物持水量及其所占比例最高，为2.68毫米和0.38%，毛竹纯林的最低，其枯落物持水及其比例分别为0.92毫米和0.14%。②总体来说，林分林冠截留量所占比例最高，平均为53.05%，但其大小与土壤贮水量相差不大，二者占总涵水量的99.80%。因此，林分林冠截留和林地土壤贮水能力决定了林分水源涵养功能，对此应加以重视。通过林分改造和土肥管理，合理调整林分林型、雨型和土壤孔隙状况可以增强林分水源涵养功能；③林分总水源涵养以常绿阔叶林最高，为747.20毫米，其次为杉木近熟林和杉竹混交林，其总涵水量分别为698.53毫米和683.26毫米，随后是8竹2阔林，其总涵水量为656.73毫米，毛竹纯林总水源涵养量最低，为641.17毫米。即毛竹混交尤其是杉竹混交可提高竹林水源涵养功能。

表3-29　不同林分总水源涵养

林分类型	总涵水量(毫米)	林冠截留(毫米)	比例(%)	枯落物持水(毫米)	比例(%)	土壤贮水量(毫米)	比例(%)
CK_S	696.53	391.19	56.16	2.68	0.38	302.66	43.45
T_{ZS}	683.26	366.95	53.71	1.13	0.17	315.18	46.13
T_{ZC}	641.17	335.71	52.36	0.92	0.14	304.54	47.50
T_{ZK1}	656.73	325.25	49.53	1.30	0.20	330.18	50.28
T_{ZK2}	643.76	334.29	51.93	1.07	0.17	308.40	47.91
CK_K	747.20	408.28	54.64	1.22	0.16	337.70	45.20

五、小　结

林冠截留实验表明，不同林分林冠截留能力相差较大，其中常绿阔叶林年林冠截留量最大，其截留量和截留率分别为408毫米和18.09%，杉木纯林次之，分别为391.19毫米和17.33%，竹林中以杉竹混交林最高，分别为366.95毫米和16.26%，8竹2阔林最低，分别为325.25毫米和

14.41%。对各林分树干径流量、林冠截留量、林管截留率分别与大气降雨量、林内降雨量曲线拟合表明，林分不同，各指标与大气降雨量和林内降雨量的最优拟合方程有所差异，但各林分林冠截留量随大气降雨量变化呈现先增加后趋于稳定的态势，在一定范围内随林内降雨的增加而增加；林冠截留率呈现随大气降雨和林内降雨增大而减小的态势，树干流呈现随大气降雨量和林内降雨量增加而增加的态势。虽然某些拟合方程中的某些参数检验没达显著，但各拟合方程的整体拟合效果均达显著或极显著水平。

林地枯落物储量差异较大，其中以杉木纯林林地枯落物储量最高，达 14.6 吨/公顷，常绿阔叶林次之，为 8.3 吨/公顷，毛竹纯林最低，仅为 4.7 吨/公顷。林地枯落物以半分解层枯落物储量最高，平均占总储量的 45.70%，其次为已分解层枯落物，平均占总量的 29.5%，未分解层枯落物只占总储量的 21.2%，这种结果是由试验地气候、林分枯落物组成、枯落物分解特性及毛竹利用方式等共同作用所致。

枯落物持水试验表明，在浸水初期，各林分未分解层、半分解层和已分解层枯落物持水量和吸水速率有一个迅速增加的过程，此后，不同分解状态的枯落物持水量逐渐增加至饱和，而吸水速率则有一个迅速减小后又逐步减小的过程。各林分枯落物吸水量与浸水时间存在 $S=k\ln t+P$ 的关系，枯落物吸水速率与浸水时间存在 $V=at^{-1}+b$ 的关系。枯落物持水量、吸水速率不仅与枯落物储量有关，还与枯落物分解状态相关，林分不同，不同类型枯落物最大持水量、有效拦蓄也不同。最大持水量和有效拦蓄以杉木纯林的最高，分别为 2.68 毫米和 1.43 毫米，其次为 8 竹 2 阔林，分别为 1.30 毫米和 0.76 毫米，毛竹纯林最低，分别为 0.92 毫米和 0.58 毫米。

各林分林地最大贮水量和非毛管持水量呈现随土层的增加而降低的态势，但有的林分 20~40 厘米土层毛管持水量最大，这应与林分根系分布特征密切相关，各林分毛管持水量远大于非毛管持水量。不同层次，各林分土壤贮水能力优劣次序不完全一致，如 0~20 厘米和 20~40 厘米土层中，8 竹 2 阔林饱和贮水量最大，为 1165.4 吨/公顷和 1139.80 吨/公顷，其次为常绿阔叶林，为 1126.60 吨/公顷和 1135.20 吨/公顷，毛竹林 0~20 厘米土层土壤饱和贮水量最低，为 1043.40 吨/公顷，杉木林 20~40 厘米土壤饱和贮水量最低，为 1005.80 吨/公顷，总体上，常绿阔叶林土壤饱和贮水量最高，三层平均为1125.67吨/公顷，8竹2阔林次之，三层平均为1100.60吨/公顷，较紧随其后的杉竹混交林高150.00吨/公顷，较土壤饱和贮水量最低的杉木林高出275.79吨/公顷，说明8竹2阔林林地土壤贮存水分和调节水分的潜在能力明显高于常绿阔叶林以外的试验林分。

在林分总涵水量中，林冠截留占的比例最高，平均为53.05%，林地枯落物贮水量占总涵水量的比例最低，仅为0.20%。整体上，各林分涵养水源能力依次为：CK_K(747.20毫米)>CK_S(696.53毫米)>T_{ZS}(683.26毫米)>T_{ZK1}(656.73毫米)>T_{ZK2}(643.76毫米)>T_{ZC}(641.17毫米)。说明毛竹混交林水源涵养功能较毛竹纯林强，其中尤以杉竹混交林最佳。

第五节　不同类型毛竹林土壤抗侵蚀功能

一、土壤抗蚀性

土壤抗蚀性是指土壤对侵蚀营力分离和搬运作用的抵抗能力(高雅森和王佑民，1992)。土壤抗蚀性的强弱与土壤内在的物理和化学性质密切相关。土壤理化性质主要包括土壤的颗粒物组成、团聚体的稳定性、有机质含量、渗透率、紧实度、黏土矿物的性质及化学成分等。土壤抗蚀性除与土壤理化性质等内在因素有关外，还受降雨特性和土地利用状况等外部因素的影响，暴雨的击溅作用和经营活动都会影响土壤结构，从而使土壤抗蚀性产生变化(方学敏和万兆惠，1997)。

土壤抗蚀性是评定土壤抵抗土壤侵蚀能力的重要参数之一，也是土壤侵蚀研究的重要内容之一。目前国内外主要从以下3个方面进行研究：①根据土壤的理化性质来评价土壤的抗蚀性；②用统计方法对土壤抗蚀性的研究；③从侵蚀动力学角度对土壤抗蚀性的研究(阮伏水和吴雄海，1996)。评价土壤抗蚀性能的指标众多，目前常见的主要有土壤有机质含量、水稳性团聚体、平均质量直径、团聚度分散率和分散系数等(Cihacek & Swan，1994；高维森，1991；沈慧和鹿天阁，2000)；但由于土壤抗蚀性受土壤类型、植被、气候、地形等多因子的影响较大，至今仍未取得普遍适用的指标(高维森和王佑民，1992；杨玉盛，1992)。本报告对不同竹林土壤抗蚀性进行评价主要采用以下指标：土壤有机质含量、结构破坏率、水稳定团聚体含量、水稳定团聚体平均重量直径、团聚状况、团聚度、分散率、分散系数、结构系数、侵蚀率以及土壤渗透性数等。

(一) 土壤有机质含量

土壤有机质是水稳性团粒的主要胶结剂，能够促进土壤中团粒结构的形成，增加土壤的疏松性、通气性和透水性，提高土壤的抗蚀能力（沈慧和鹿天阁，2000）。

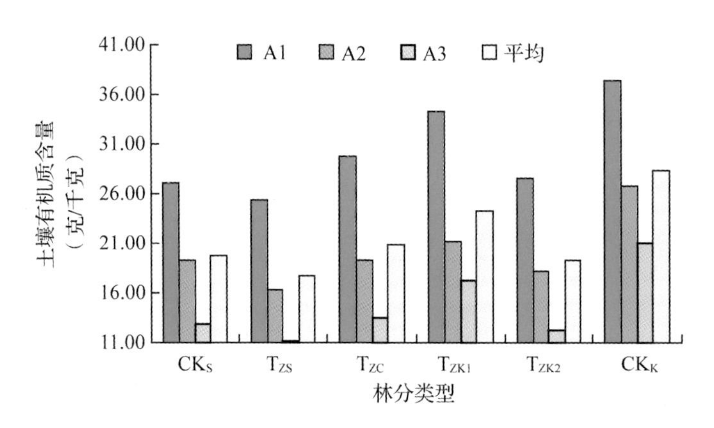

图 3-9　不同林分不同土壤层次土壤有机质含量

从图 3-9 可以看出，林地土壤有机质含量呈现随阔叶树比例增加而增加的态势，其中，在各土层中，常绿阔叶林土壤有机质含量最高，8 竹 2 阔林次之，随后是毛竹纯林，杉竹混交林最低。这说明虽然 8 竹 2 阔林土壤抗蚀性能略劣于常绿阔叶林，但其土壤抗蚀性能强于杉木纯林和其余有毛竹的林分。此外，还可得出林地土壤有机质含量随土层的增加而降低。这主要是因为植物群落对土壤理化性质的改善作用是通过枯枝落叶层的作用来完成的。群落通过凋落物的分解、转化，将一定量的养分归还给土壤，这一过程主要在土壤表层进行，从而使表层土壤中的有机质含量增加，随后通过养分下渗作用使下层土壤理化性质不断得到改善。这也正是常绿阔叶林土壤养分含量最高的原因，常绿阔叶林枯落物年归还量大，且分解迅速，人为干扰小，毛竹竹叶生物量小，养分储量少，年养分归还少，而杉木林虽然枯落物年归还量最大，但杉木枯落物分解缓慢，其养分周转慢，加上人为干扰和毛竹采伐时只带走竹秆等，这些因素共同作用致使各林分土壤抗蚀性能优劣次序依次为：$CK_K > T_{ZK1} > T_{ZC} > CK_S > T_{ZK2} > T_{ZS}$（从各林分土壤有机质含量来评价）。

（二）以大颗粒含量为基础的抗侵蚀性指标

1. 水稳性团聚体

水稳性团聚体是由有机质胶结而成的团粒结构，可以改善土壤结构，而且被水浸湿后不易解体，具有较高的稳定性(高维森和王佑民，1992)。对各林分0~60厘米土层土壤水稳性团聚体分析发现(表3-30)，各林分土壤水稳性团聚体含量变化差异不大，而土壤结构体破坏率土层间差异较大，整体上各林分水稳性团聚体在一定范围内随土壤增加而增加，当超过某一深度时又逐渐减小，而土壤结构体破坏率随土层的增加而减小。因此，整体来看，各林分40~60厘米土层的土壤水稳性团聚体含量和土壤结构体破坏率最高，平均分别为93.35%和27.63%，20~40厘米土层的次之，平均为93.72%和21.57%，0~20厘米土层的水稳性团聚体含量最低，平均为93.35%和14.34%。这一结果是植被、枯落物、根系分布特征及森林经营、采伐利用方式等综合作用的结果。同时说明，土壤抗蚀性能随土层增加而降低。

在0~20厘米土层中，毛竹纯林土壤水稳性团聚体含量(95.27%)最高，杉竹混交林和常绿阔叶林次之(94.67%)，8竹2阔林的最低，为90.31%；结构体破坏率以杉木林最高，为19.76%，毛竹纯林次之，常绿阔叶林最低。20~40厘米土层中，杉竹混交林土壤水稳性团聚体含量(96.46%)最高，杉木纯林次之(96.33%)，8竹2阔林最低，为90.96%；结构体破坏率以6竹4阔林最高，为30.50%，杉木纯林次之，为26.85%，杉竹混交林最低(7.50%)；而40~60厘米土层中，杉竹混交林土壤水稳性团聚体含量(96.44%)最高，杉木林次之，为96.44%，6竹4阔林最低，为91.90%，而结构体破坏率以8竹2阔林最高，为31.69%，杉木纯林次之，30.48%，杉竹混交林最低，为21.158%。不同土层各林分土壤水稳性团聚体含量优劣次序不尽相同，这主要与各林分林地枯落物储量、枯落物分解特性及森林经营、采伐毛竹时留下大量竹枝竹叶相关，由于毛竹纯林每年采伐量大，采伐后留在林地的竹枝竹叶最多，加之竹林每年劈山两次和冬春有相当于翻垦的挖笋，对表层土壤水稳性团聚体的形成

表 3-30　土壤大团聚体组成

类型	层次	大团聚体直径(毫米)						水稳定团(%)	结构体破坏率(%)	平均
		>5	2.0~5.0	1.0~2.0	0.5~1.0	0.25~0.5	<0.25			
CK_S	A_o	17.65/56.96	17.28/22.69	16.94/6.09	14.08/3.89	9.57/4.46	24.48/5.91	75.52/94.09	19.74	25.69
	A_1	4.45/61.55	13.63/22.42	11.52/5.61	17.66/3.12	23.21/3.62	29.53/3.67	70.47/96.33	26.85	
	A_2	2.50/60.31	13.67/21.67	11.73/6.13	19.32/3.43	18.58/4.73	34.21/3.73	65.79/96.27	30.48	
T_{ZS}	A_o	49.55/56.68	18.04/23.65	8.52/5.87	4.40/3.76	5.85/4.70	13.64/5.33	86.36/94.67	8.78	12.48
	A_1	53.27/60.40	16.99/24.79	7.04/4.98	6.59/2.86	5.33/3.43	10.78/3.54	89.22/96.46	7.50	
	A_2	26.53/57.71	14.61/25.40	12.68/5.98	12.67/3.50	9.55/3.86	23.96/3.56	76.04/96.44	21.15	
T_{ZC}	A_o	33.34/48.04	21.94/28.05	10.87/8.07	9.46/5.07	5.81/6.04	18.58/4.72	81.42/95.27	14.54	20.49
	A_1	19.37/40.81	24.62/29.17	9.13/8.68	12.76/6.08	9.48/7.69	24.64/7.75	75.36/92.43	18.47	
	A_2	10.48/46.49	12.96/25.72	12.70/8.39	16.71/5.91	14.14/7.15	33.01/6.34	66.99/93.66	28.48	
T_{ZK1}	A_o	32.54/38.61	19.71/25.93	9.80/9.14	9.15/7.15	7.51/9.48	21.29/9.69	78.71/90.31	12.84	20.97
	A_1	24.10/37.26	17.00/27.88	11.65/9.39	11.87/7.16	9.62/9.27	25.76/9.04	74.24/90.96	18.38	
	A_2	8.79/37.10	10.40/28.46	11.85/10.01	16.29/7.13	15.62/9.45	37.05/7.84	62.95/92.16	31.69	
T_{ZK2}	A_o	27.66/40.26	22.86/26.62	11.56/9.26	9.40/6.69	8.38/8.29	20.14/8.89	79.86/91.11	12.35	22.51
	A_1	11.69/34.17	12.58/31.94	13.27/10.12	7.38/6.92	18.48/8.08	36.60/8.78	63.40/91.22	30.50	
	A_2	9.74/39.58	17.54/27.91	16.95/9.95	13.37/6.62	11.62/7.84	30.78/8.10	69.22/91.90	24.68	
CK_K	A_o	34.50/44.08	22.07/26.23	11.18/9.23	12.08/6.72	8.03/8.41	12.14/5.33	87.86/94.67	7.76	17.70
	A_1	24.97/32.17	15.58/35.75	12.30/11.93	14.15/7.29	11.64/7.78	21.36/5.07	78.64/94.93	17.69	
	A_2	14.76/22.34	10.71/33.53	8.84/14.94	12.98/10.22	17.89/11.81	34.82/7.16	65.18/92.84	27.66	

注：$\frac{X}{Y}$中 X、Y 分别为湿筛和干筛的土壤水稳定团聚体；团聚体分散率(结构破坏率)=$\frac{>0.25\text{毫米团聚体含量(干筛-湿筛)}}{>0.25\text{毫米干筛团聚体含量}}\times 100$。

最有利，而常绿阔叶林随枯落物年归还量大，但因人为干扰小，而其他竹林因每年可采伐的毛竹和可供挖的竹笋较毛竹纯林少，故使得毛竹纯林表层土壤水稳性团聚体含量最高，常绿阔叶林次之，而植被、经营活动对土壤水稳性团聚体形成的影响依次减弱，其土壤结构体破坏率不断增加，土壤抗蚀性不断减弱。

因众多因素的共同作用使得各林分不同层次土壤水稳性团聚体含量和结构体破坏率大小次序各不相同。从三层平均数来看，各林分土壤水稳性团聚体含量从高至低依次为：$T_{ZS}>CK_S>CK_K>T_{ZC}>T_{ZK2}>T_{ZK1}$，其水稳性团聚体含量分别为95.86%、95.56%、94.15%、93.79%、91.41%和91.14%。而结构体破坏率依次为：$CK_S>T_{ZK2}>T_{ZK1}>T_{ZC}>CK_K>T_{ZS}$，其结构体破坏率分别为25.69%、22.51%、20.97%、20.49%、17.70%和12.48%。说明杉竹混交对提高林地土壤抗侵蚀性较强。

2. 水稳性团粒平均重量直径

水稳定性团粒含量虽然指出了大于某一粒级的团粒结构所占的百分比，但并不表明这些团粒结构的大小。显然，当水稳性团粒含量相同时，团粒结构的颗粒越大，其抗蚀性越强。为此，引入平均重量直径的概念，并按Van Bavel(1949)提出的公式计算(Hiller, 1982)。平均重量直径与水稳定性团聚体含量一样，也可以反映出林龄、林分组成和地类之间的抗蚀性规律。

图3-10表明，不同林分各土层间团粒平均重量直径变化一致，除杉竹混交林和杉木纯林20~40厘米土层土壤团粒平均重量直径高于其余两层外，其余林分表层土壤团粒平均重量直径高于20~40厘米土层；毛竹纯林和两种竹阔混交林40~60厘米土层土壤团粒平均重量直径较20~40厘米土层的高，而杉竹混交林、杉木纯林和常绿阔叶林40~60厘米土层土壤团粒平均重量直径较20~40厘米土层的低；杉竹混交林和杉木纯林以20~40厘米土壤团粒平均重量直径最高，分别为3.71毫米和3.69毫米，毛竹纯林和常绿阔叶林以表层土壤团粒平均重量直径最高，分别为3.46毫米和3.24毫米，而8竹2阔林和6竹4阔林以40~60厘米土层土壤团粒平均重量直径最高，分别为2.98和3.08毫米。

图3-10还可看出，各林分表层土壤团粒平均重量直径大小依次为：$T_{ZS}>CK_S>T_{ZC}>CK_K>T_{ZK2}>T_{ZK1}$；各林分20~40厘米土层土壤团粒平均重量

直径大小依次为：$T_{ZS}>CK_S>T_{ZC}>CK_K>T_{ZK1}>T_{ZK2}$；各林分 40~60 厘米土层土壤团粒平均重量直径大小依次为：$T_{ZS}>CK_S>T_{ZC}>T_{ZK2}>T_{ZK1}>CK_K$。影响不同土层各林分土壤团粒平均重量直径优劣次序的原因除了与土壤腐殖质的胶结作用有关外，还与林分树种组成、根系分布及经营措施、利用方式及水平等密切相关。杉木根系分布较毛竹深，故杉竹混交林和杉木纯林 20~40 厘米土层土壤团粒平均重量直径较表层高，而竹林尤其是毛竹纯林，由于挖笋强度大，采伐后林地竹枝竹叶多，其土壤团粒平均重量直径较高。而常绿阔叶林因年枯落物凋落量大，分解迅速，养分周转快，其表层和 20~40 厘米土层土壤团粒平均重量直径均较高，因其对 40~60 厘米土层影响较小，又无人为干扰，故其 40~60 厘米土层土壤团粒平均重量直径最小。

三层平均来看，各林分土壤团粒平均重量直径大小依次为：$T_{ZS}>CK_S>T_{ZC}>T_{ZK2}>T_{ZK1}>CK_K$。这表明：在所有竹林中，杉竹混交林结构体破坏率最小，团粒平均重量直径最高，对于防治土壤侵蚀非常有利，毛竹纯林次之，8 竹 2 阔林最差。

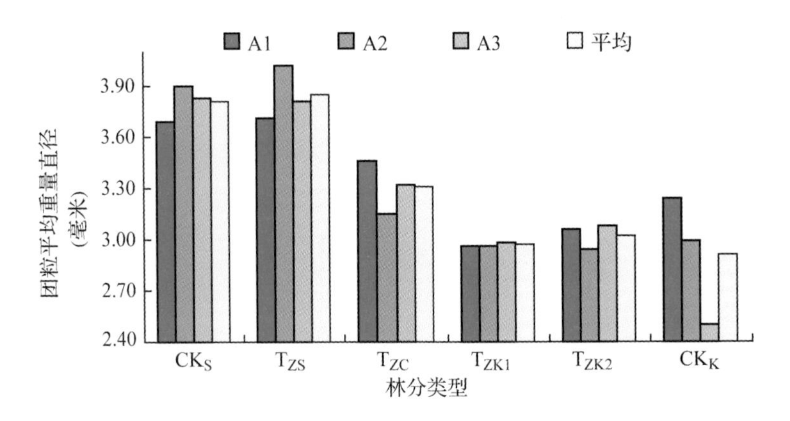

图 3-10　不同林分不同土层土壤团粒平均重量直径

3. 团粒破坏率和水稳性指数

取 5~7 毫米团粒 50 颗，4 次，均匀放在孔径为 5 毫米的金属网格上，然后置于静水中进行观测，以 1 分钟间隔分别记录分散土粒的数量，计算其破损率和水稳性指数(中华人民共和国水利电力部部标准，1988)。

从图 3-11~图 3-13 可看出，各林分土壤团粒破损率随土层的增加而增强，浸入静水 10 分钟时，0~20 厘米土层土壤团粒破坏率平均为 24.12%，20~40 厘米土层土壤团粒破坏率平均为 43.98%，而此时 40~60 厘米土层土壤团粒破坏率平均为 66. 22%，其大小分别为 0～20 厘米和 20～40 厘米土层土壤团粒破坏率的 2. 75 倍和 1. 51 倍，这表明林地土壤抗蚀性能随土层的增加而降低。在 0～20 厘米土层中，各林分在前 6 分钟内土壤团粒破损率有一个急剧上升过程，此后上升逐渐变缓，至 10 分钟时，杉木纯林土壤团粒破损率最高，为 32. 080%，其次为 8 竹 2 阔林和毛竹纯林，其团粒破坏率分别为 28. 37% 和 26. 56%，常绿阔叶林团粒破损率最低(13. 33%)，这些水稳性和疏松多孔的团聚体，是在有机质和黏粒参与下形成的，由于有机-无机复合胶体的作用，形成基本微团聚体，再进一步形成大团聚体，黏粒表面强烈吸附着活性有机分子，使黏粒表面覆盖了一层有机保护层，降低了它在水中的的膨胀性(熊毅，1983)。静水中浸至 10 分钟时，表层土壤团粒破损率由小至大依次为：$CK_K<T_{ZS}<T_{ZK2}<T_{ZC}<T_{ZK1}<CK_S$。

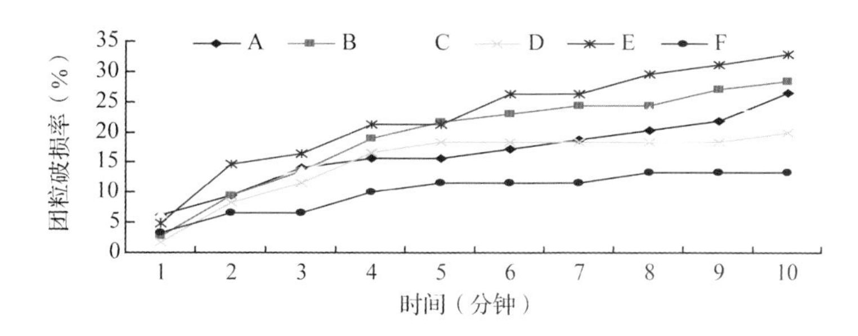

图 3-11　不同林分 0～20 厘米土层土壤团粒破损率与时间的关系

A：T_{ZC}；B：T_{ZK1}；C：T_{ZK2}；D：T_{ZS}；E：CK_S；F：CK_K，下同

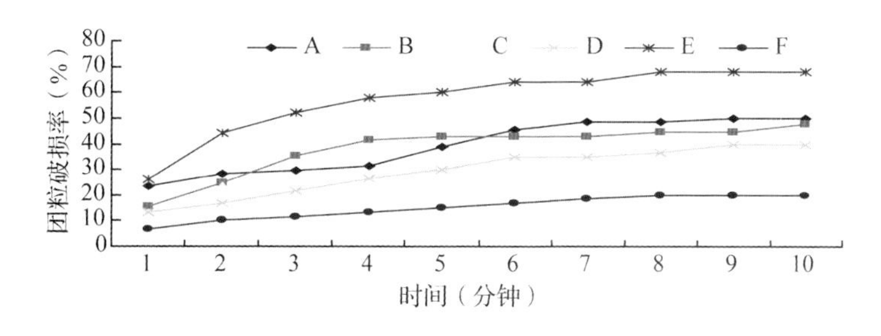

图 3-12　不同林分 20～40 厘米土层土壤团粒破损率与时间的关系

20～40 厘米土层中，各林分在前 5 分钟内土壤团粒破损率有一个急剧上升过程，此后上升逐渐变缓，至 10 分钟时，杉木纯林土壤团粒破损率最高，为 68. 00%，其次为毛竹纯林，其团粒破坏率为 50. 00%，常绿阔叶林团粒破损率最低(20. 02%)。浸水 10 分钟分钟时，此层土壤团粒破损率由小至大依次为：$CK_K<T_{ZK2}<T_{ZS}<T_{ZK1}<T_{ZC}<CK_S$。而在 40～60 厘米土层中，

各林分在前约 3 分钟内土壤团粒破损率有一个急剧上升过程，此后上升逐渐变缓，至 10 分钟时，毛竹纯林土壤团粒破损率最高，为 82.61%，其次为杉木纯林纯林，其团粒破坏率为 74.00%，常绿阔叶林团粒破损率最低（41.66%）。因此，浸水 10 分钟时土壤团粒破损率由小至大依次为：$CK_K<T_{ZK2}<T_{ZS}<T_{ZK1}<T_{ZC}<CK_S$。

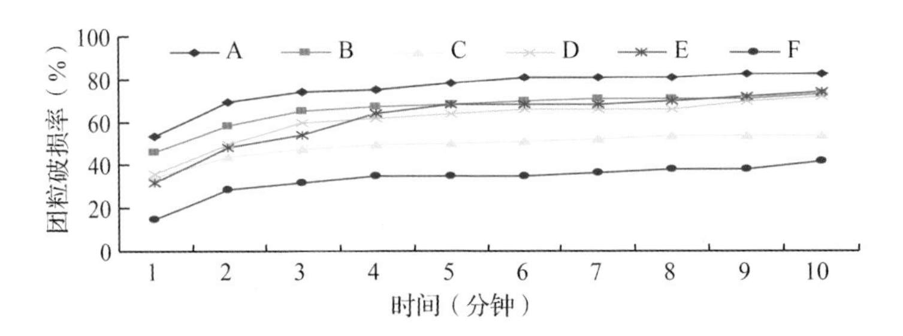

图 3-13　不同林分 40~60 厘米土层土壤团粒破损率与时间的关系

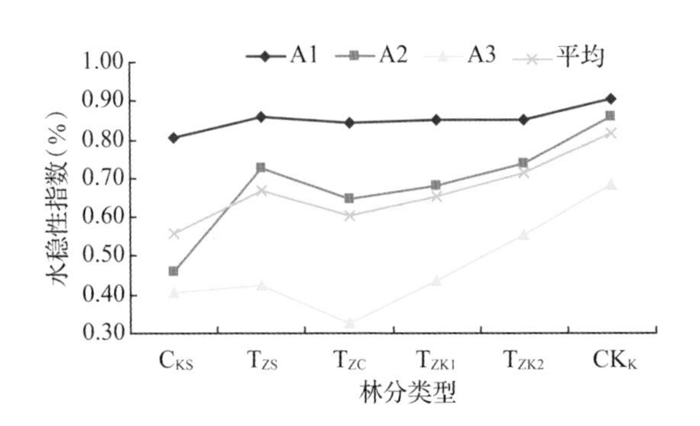

图 3-14　各林分土壤水稳性指数

从图 3-14 可看出，各林分土壤团聚体水稳性指数随土层变化规律正好与土壤团粒破损率随土层变化规律相反，即土壤团聚体水稳性指数随土层的增加而降低，这一结果与代全厚等研究结果相同（代全厚等，1998）。土壤团粒水稳性指数在土层中的变化规律与土壤理化性质、生物活性的指标随土层变化规律相吻合，说明它们之间存在某种相关关系。此外，图 3-14 还可看出，有毛竹的林分表层土壤水稳性指数几乎相等，但还是混交林分的高于毛竹纯林，它们的水稳性指数虽低于常绿阔叶林，但较杉木纯林的高，这表明这些竹林地表层土壤抗蚀性能较杉木林高。20~40 厘米土层土壤团聚体水稳性指数以常绿阔叶林的最高，杉木林最低，有毛竹的林分——6 竹 4 阔林最高，杉竹混交林次之，毛竹纯林的最低，这说明混交竹林土壤抗蚀性能较毛竹纯林和杉木林的高。同理可得：40~60 厘米土层中土壤团聚体水稳性指数仍然以常绿阔叶林最高，6 竹 4 阔林次之，再次是 8 竹 2 阔林和杉木林，毛竹纯林的最差，其原因应与毛竹根系在土层的分布规律紧密相关。竹林根系 80%以上集中于 0~30 厘米土层，30 厘米以下分布很少(萧江华，1983)，而杉木林根系分布主要分布于 0~60 厘米土层，60 厘米以下只约占 5%(张建国等，1996)，说明杉木林 40~60 厘米根系含量较毛竹林的高，故此层杉木林土壤团聚体水稳性指数高于毛竹纯林。

(三)以微团聚体含量为基础的土壤抗侵蚀性指标

土壤学上将粒径小于 0. 25 毫米的土壤结构称作微团聚体(刘孝义和依艳丽，1998)。巴夫尔和米德尔顿等人曾根据不同粒级的微团聚体含量与相应的机械组成分析值作比较，提出下列抗蚀性指标(高维森和王佑民，1992；刘孝义和依艳丽，1998；胡建忠，1999)。

(1)团聚状况：表示土壤颗粒的团聚程度，其值大则土壤抗蚀性强；团聚状况：大于 0. 05 毫米微团聚体分析值 - 大于 0. 05 毫米机械组成分析值；

(2)团聚度：用百分比表示的水稳性大小，团聚度大则土壤抗蚀性强。

$$团聚度\% = \frac{团聚状况}{微团聚体分析中大于\ 0.05\ 毫米颗粒含量} \times 100\% \quad (3-8)$$

(3)分散率和分散系数：均以微团聚体分析中低于规定粒级(前者为小于 0. 05 毫米，后者为小于 0. 001 毫米)的颗粒，视为完全分离的颗粒。用完全分离的颗粒含量与机械组成分析值的比值来表示土壤抗蚀性，分散率和分散系数越大，土壤抗蚀性越弱。

$$分散率\% = \frac{小于\ 0.05\ 毫米微团聚体分析值}{小于\ 0.05\ 毫米机械组成分析值} \times 100\% \quad (3-9)$$

$$分散系数\% = \frac{小于\ 0.001\ 毫米微团聚体分析值}{小于\ 0.001\ 毫米机械组成分析值} \times 100\% \quad (3-10)$$

(4)结构系数：

$$结构系数\% = 1 - 分散系数 \quad (3-11)$$

(5)侵蚀率：表示土壤易受侵蚀的指标。

$$侵蚀率\% = \frac{分散率}{持水当量/胶体含量} \times 100\% \quad (3-12)$$

1. 土壤团聚状况和团聚度

从图 3-15~3-16 可看出，各试验林分土壤团聚状况和团聚度随土层的变化规律不完全一致，毛竹纯林土壤团聚状况和团聚度随着土壤深度的增加而减弱，8 竹 2 阔林和常绿阔叶林的呈现先减小后增大的态势，6 竹 4 阔林和杉竹混交林的呈现先增大后减小的趋势，而杉木纯林与毛竹纯林刚好相反，其土壤团聚状况和团聚度随着土层增加而增大，此结论与卢喜平等研究结论相似(卢喜平等，2004)。产生此趋势的原因是多方面的，主要应与经营管理方式、林分结构、组成及其根系分布等密切相关。但林地土壤团聚状况和团聚度呈现混交林优于纯林，且林地土壤团聚状况和团聚度在一定范围内随着竹林阔叶树比例的增加而增加，当大于一定值时又有所降低。

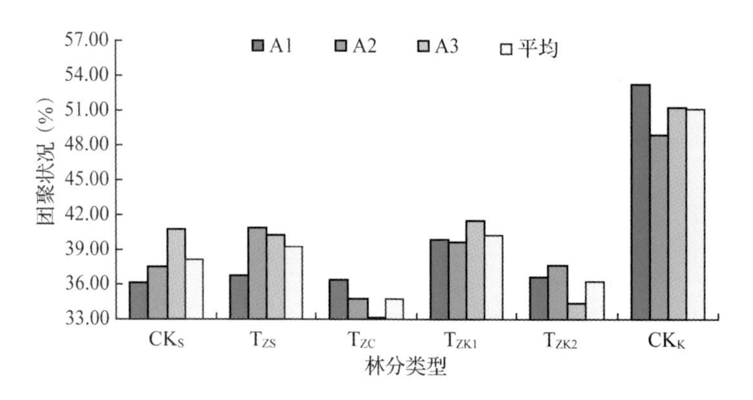

图 3-15　不同林分不同土层团聚状况

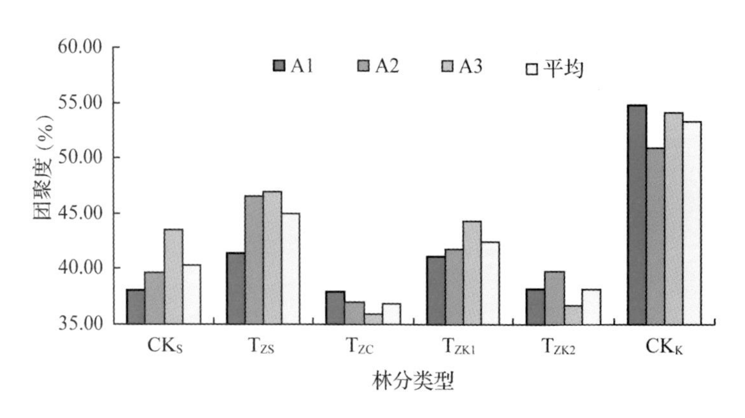

图 3-16　不同林分不同土层土壤团聚度

对各林分不同层次土壤团聚状况和团聚度分析发现(图 3-15 至图 3-16)，常绿阔叶林土壤各层次的团聚状况和团聚度均高于其余林分相应土层的团聚状况，毛竹纯林除表层土壤团聚状况优于杉木林外，其余土层土壤团聚状况和团聚度在所有林分相应层次中最差，表明在 6 种试验林分中，常绿阔叶林土壤颗粒的团聚程度最高，其抗蚀性能最好，毛竹纯林土壤抗蚀性能最差。不同土层各林分土壤团聚状况和团聚度优劣次序不全一致，三层平均来看，各林分土壤团聚状况优劣次序为 $CK_K>T_{ZK1}>CK_S>T_{ZK1}>T_{ZS}>T_{ZC}$；各林分土壤团聚度优劣秩序为 $CK_K>T_{ZK1}>T_{ZK2}>T_{ZS}>CK_S>T_{ZC}$。虽然各林分土壤团聚状况和团聚度排序不一致，但均表现为常绿阔叶林最高，毛竹纯林最差，T_{ZK1} 土壤团聚状况仅次于 CK_K，而团聚度则以 T_{ZS} 次之，这说明毛竹不管是与针叶树混交，还是与阔叶树混交，均可提高林地土壤抗蚀性能。

2. 分散率和分散系数

从图 3-17 和图 3-18 可得，除杉木林不同土层间土壤分散率和分散系数差异不大外，其余林分不同土层间分散率和分散系数差异较明显，且各林分土壤分散率和分散系数随土层变化呈现一致的态势——土壤分散率和分散系数随土层的增加而增加，各林分 0~20 厘米、20~40 厘米和 40~60 厘米土壤分散率和分散系数分别为：11.39%、13.70% 和 16.19%、4.64%、6.11%和 6.98%，表明各林分土壤抗蚀性能随土层增加而减弱。这种态势主要与植被对土壤的改良作用随土层增加而减弱紧密相关。

由于竹林经营、利用方式独特，林地土壤分散率呈现随阔叶树比例增加而降低，而分散系数则呈现随阔叶树比例增加而增加的态势。

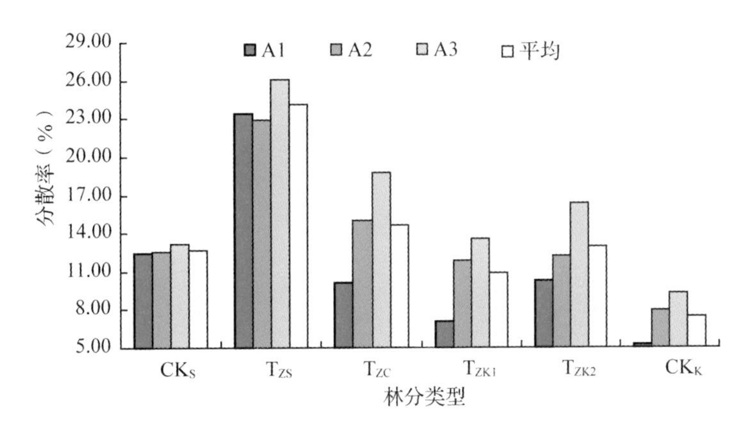

图 3-17　不同林分土壤分散率

对各试验林分不同土层土壤分散率和分散系数分析表明，无论是土壤分散率还是分散系数，均以常绿阔叶林土壤各层的最低，这说明常绿阔叶林土壤抗蚀性能在这 6 种林分中最佳。土壤分散率以杉竹混交林最大，杉木纯林次之，竹林中以 8 竹 2 阔林的最低。而 0~20 厘米和 20~40 厘米土层土壤分散系数以杉木纯林的最高，40~60 厘米土层土壤分散系数以毛竹纯林的最高，竹林中，0~20 厘米土层土壤分散系数以 8 竹 2 阔林最低，

20~40 厘米和 40~60 厘米土层土壤分散系数以杉竹混交林的最低。这表明各试验林分不同土层土壤分散率和分散系数的优劣次序不完全一致，但从各林分三土层土壤分散率和分散系数平均值来看，均表现为常绿阔叶林最低，竹林中毛竹纯林的最高，6 竹 4 阔林次之，8 竹 2 阔林或杉竹混交林最低，产生此结果的原因应与林分土壤特性、林地枯落物储量、经营方式及毛竹利用水平等密切相关，由于挖笋、经营强度等随毛竹比例的增加而增强；常绿阔叶林人为干扰最小，林地枯落物储量较大且分解迅速，养分周转快，对林地的改良作用最佳，所以毛竹纯林土壤分散系数和分散率都最高，常绿阔叶林最低。而 6 竹 4 阔林土壤分散系数和分散率高于 8 竹 2 阔林应与林地枯落物储量、只利用竹秆的利用方式有关，由于其毛竹比例较低，可砍伐的毛竹较 8 竹 2 阔林低，故每次砍伐时留在林地的竹枝、竹叶较 8 竹 2 阔林少，致使其林地枯落物储量较低，最终导致其土壤分散系数、分散率较高，同时说明 6 种试验林分中，常绿阔叶林土壤抗蚀性能最强，竹林中 8 竹 2 阔林或杉竹混交林最强，毛竹纯林的最弱。

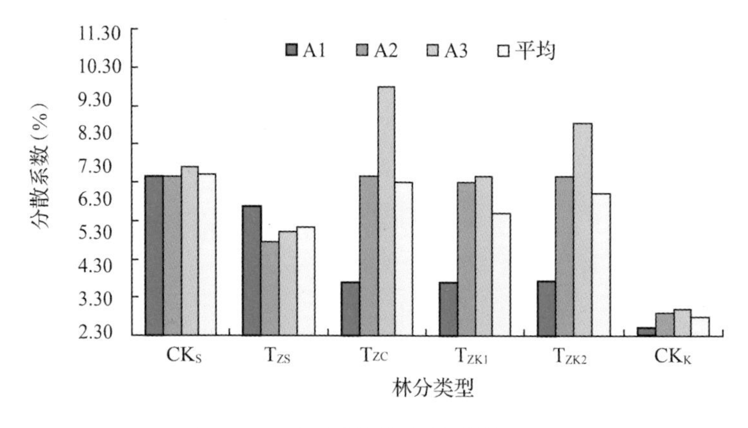

图 3-18　不同林分土壤分散系数

3. 土壤结构系数和侵蚀率

从图 3-19 可看出：①林地土壤结构系数呈现随林分阔叶树比例增加而增大的变化趋势；除杉竹混交林外，其余林分的土壤结构系数随着土层的增加而减小，说明这些林分土壤抗蚀性随土层的增加而减弱的规律；②土壤 3 个层次中的土壤结构系数均以常绿阔叶林最高，0~20 厘米和 20~40 厘米土层中的土壤结构系数以杉木纯林的最低，此二层中毛竹纯林、8 竹 2 阔林和 6 竹 4 阔林的土壤结构系数相差不大，这说明它们在组成上存在较大的相似性，且它们的结构系数大小仅次于常绿阔叶林，说明毛竹纯林和竹阔混交林土壤具有较强的抗蚀性能。而40~60厘米的土壤结构系数以毛竹纯林的最低，6竹4阔林的仅高于毛竹纯林，杉竹混交林的仅小于常绿阔叶林而高于其余的林分，这主要是由经营方式、更新方式和林龄所致，杉竹混交林40~60厘米土壤的人为干扰较其他竹林小，造林前有深翻整地习惯，林龄不长，这些因素综合作用使得其土壤结构系数其余竹林和杉木近熟林，因此此层土壤抗蚀性能以常绿阔叶林的最高，杉竹混交林的次之，毛竹纯林的最差；③从0~60厘米土层土壤平均结构系数来看，各林分土壤抗蚀性能优劣次序为：$CK_K>T_{ZK1}>T_{ZC}>T_{ZK2}>T_{ZS}>CK_S$。

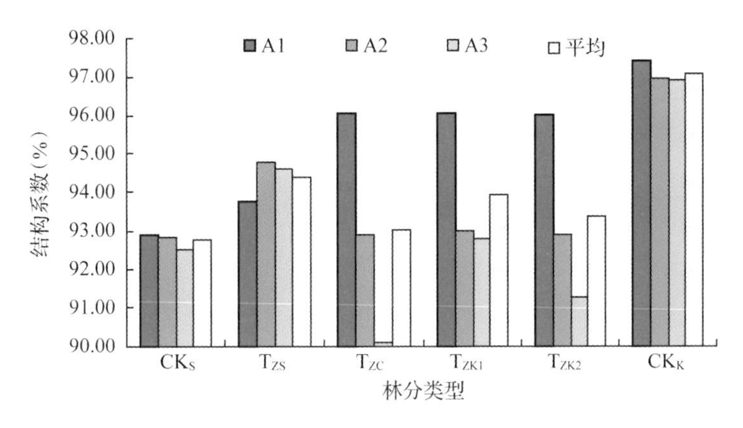

图 3-19 不同林分土壤结构系数

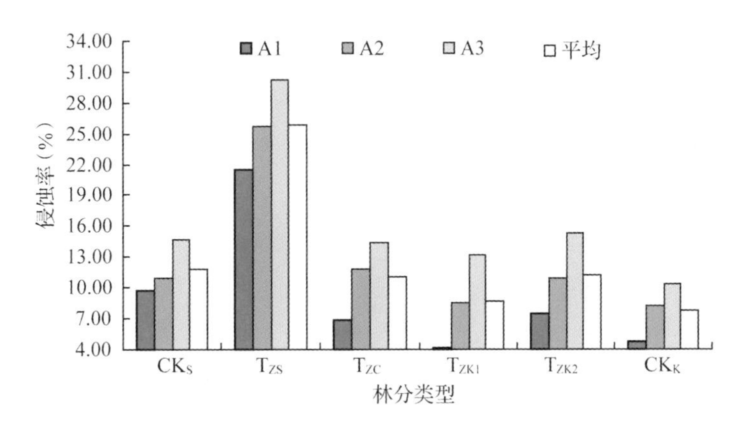

图 3-20 不同林分土壤侵蚀率

由图3-20可看出：①各林分土壤侵蚀率随土层变化呈现相似的规律，即土壤侵蚀率随着土层的增加而增大，表明各林分土壤抗蚀性能有随土层增加而减弱的特点；②不同土层各林分的土壤侵蚀率优劣次序不完全一致，其中0~20厘米土层土壤侵蚀率以杉竹混交林的最高，杉木纯林的次之，之后是6竹4阔林、毛竹纯林和常绿阔叶林，8竹2阔林的最低，表明 0~20 厘米土层中 8 竹 2 阔林的抗蚀性能最高。20~40 厘米和 40~60 厘米土层的土壤侵蚀率还是均以杉竹混交林的最高，20~40 厘米土层以毛竹纯林的次之，而 40~60 厘米土层以 6 竹 4 阔林次之，常绿阔叶林的最低，这说明这两层中，常绿阔叶林土壤抗蚀性能最强，8 竹 2 阔林次之，杉竹混交林的最差，其余林分介于 8 竹 2 阔林和杉竹混交林之间；③从三层土壤侵蚀率的平均值来看，各林分土壤抗蚀性能优劣次序为：$CK_K>T_{ZK1}>T_{ZC}>T_{ZK2}>CK_S>T_{ZS}$。

二、土壤抗冲性

土壤抗冲性是指土壤抵抗径流对其机械破坏和搬运的能力，是由朱显谟院士于 20 世纪 50 年代提出的，它主要取决于土壤抵抗径流推移的强弱，由于土壤的抗蚀性，使得在冲刷过程中，土粒或土块在水中不一定会分散或悬浮，但只要有位移就发生了土壤侵蚀，因此土壤抗冲性与土壤本身特性和外在生物因素密切相关(高维森和王佑民，1992)。

土壤抗冲性研究始于 20 世纪 50 年代，经过半个多世纪的发展，我国土壤抗冲性研究取得了一些有价值的研究成果(高维森和王佑民，1992；田育新和吴建平，2002)。我国水土保持领域的专家如蒋定生、王友民、刘秉正、郭培才、李勇等分别对不同土地利用方式下土壤抗冲性进行过研究，并发现：①林地的土壤抗冲性最强，农耕地和黄土母质的抗冲性最差，草地的抗冲性居中；②土壤的抗冲性与其毛根含量成正相关；③土壤抗冲性与其毛根含量，有机质含量、硬度、渗透等相关性高，并以此为基础建立了初步的预报模型(高维森和王佑民，1992)。

根据前人的研究成果，选定以土壤渗透性能、有机质含量、水稳性团粒含量、平均重量直径及林地生物因素(枯落物和根系)等对试验林分土壤抗冲性进行评价研究。由于前文(土壤抗蚀性)中已对土壤有机质、水稳性团粒含量等土壤物理性质进行了详细分析研究，在此重点介绍土壤渗透性能、土壤硬度及生物因子对各试验地土壤抗冲性的影响。

(一)土壤渗透性能

1. 不同林地土壤入渗能力

水分入渗过程是一个复杂的水文过程，与降水地表径流、土壤结构、含水量、质地和有机质含量等因素密切相关(张华，2007；李雪转和樊贵盛，2006；解文艳和樊贵盛，2004)。在林地中，其大小还受林分类型、林分结构、林地枯落物储量和根系分布等的影响(周维和张建辉，2006；刘霞等，2005；漆良华等，2007)。在研究土壤入渗时，常采用的 4 个指标是最初入渗速率(初渗率)、平均渗透速率、最终入渗速率(稳渗率)和渗透总量(刘道平等，2007；韩冰等，2004)。

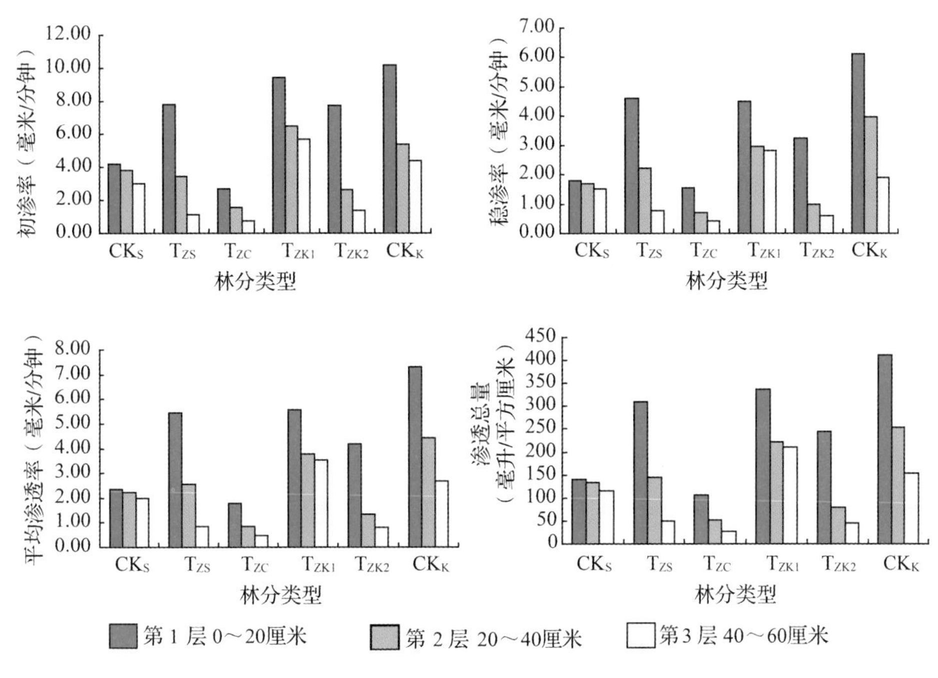

图 3-21　不同林分渗透特性

从图 3-21 可以看出，虽然各林分初渗率、稳渗率、平均渗透率和前 60 分钟渗透总量存在较大差异，但基本呈现随林分阔叶树比例增大而增强的态势，此外其大小均表现为随土壤深度的增加而降低，表明各林分土壤渗透性能随土壤深度的增加而减弱，其原因应与森林对林地的改良作用随土壤深度的增加而减弱密切相关。各林分不同层次土壤渗透性能各指标优劣次序不尽相同，在 0~20 厘米层中，除稳渗率外，各林分其他土壤渗透性指标大小依次为：$CK_K>T_{ZK1}>T_{ZS}>T_{ZK2}>CK_S>T_{ZC}$；在 20~40 厘米层中，除初渗率外，各林分其他土壤渗透性指标大小依次为：$CK_K>T_{ZK1}>T_{ZS}>CK_S>T_{ZK1}>T_{ZC}$；在 40~60 厘米层中，各林分土壤渗透性能指标大小依次为：$T_{ZK1}>CK_K>CK_S>T_{ZS}>T_{ZK2}>T_{ZC}$。土壤各层中，毛竹纯林土壤各项渗透性指标最低，说明毛竹纯林在 6 种林分中，土壤渗透性最差，其初渗率、稳渗率、平均渗透率和渗透总量平均分别为 1. 68 毫米/分钟、0. 89 毫米/分钟、1. 05 毫米/分钟和 61. 38 毫升/平方厘米。

表 3-31 土壤渗透性主分量分析

参数	主分量			
	P_1	P_2	P_3	P_4
X_1	0.9824	-0.1861	0.0128	0.0024
X_2	0.9912	0.1295	0.0272	0.0001
X_3	0.9988	0.0417	-0.0221	0.0160
X_4	0.9996	0.0128	-0.0174	-0.0184
特征值	3.9444	0.0533	0.0017	0.0006
贡献率	98.610	1.333	0.042	0.015
累积贡献率	98.610	99.943	99.985	100.000

为比较各林分不同层次土壤渗透性优劣秩序，现以最初入渗速率(X_1)、平均渗透速率(X_2)、最终入渗速率(X_3)和前60分钟总渗透总量(X_4)指标进行主分量分析。结果(表3-31)表明，第一个主分量的方差累积贡献率高达98.610%，几乎解释了整个总方差，信息损失量非常少。因子负荷量表明，第一主分量上所有变量的正荷载相差不大，但以前60分钟总渗透量的最高(0.9996)，可以解释为对渗透能力总的量度。其主分量方程为：$P_1=\alpha=0.4947\tilde{Y}_1+0.4993\tilde{Y}_2+0.5031\tilde{Y}_3+0.5033\tilde{Y}_4-0.0002$($\tilde{Y}_i$为各指标标准化数据)。为了更直观地比较各林地土壤入渗性能，根据第一个主分量方程，计算各林分不同层次土壤渗透性能得分，并进行排序。

各林分不同层次的土壤渗透性能均表现出相同的规律(表3-32)：混交林林地土壤渗透性能较纯林强；土壤渗透性能随土壤深度的增加而降低，各林分土壤不同层次的土壤渗透性排序略有不同，但土壤各层中，毛竹纯林土壤渗透性能最差，常绿阔叶林或8竹2阔林最好。总体来看，常绿阔叶林土壤渗透性最佳，其次是8竹2阔林和杉竹混交林，毛竹纯林的最差。上述结果与实测的渗透结果基本吻合，其中阔叶林土壤渗透性最强主要是由于其为天然林，植被保护完好，林地枯落物储量大，土壤有机质丰富；而毛竹纯林人为干扰大，林地枯落物储量少，养分归还量少，故其土壤渗透性能差，同时也说明，适当增加毛竹林中阔叶树/杉木的比例，其土壤渗透性能有所提高，对此，在南方丘陵区经营毛竹时应加以重视。

表 3-32　各林地土壤渗透性评价

林分类型	第一层		第二层		第三层		平均得分	排序
	得分	排序	得分	排序	得分	排序		
CK_S	-0.5886	5	-0.6162	4	-1.0359	3	-0.7469	4
T_{ZS}	2.6514	3	-0.4435	3	-2.2305	4	-0.0075	3
T_{ZC}	-1.1863	6	-2.1521	6	-2.6076	6	-1.9820	6
T_{ZK1}	3.0735	2	1.0231	2	0.7227	1	1.6065	2
T_{ZK2}	1.5585	4	-1.6170	5	-2.2673	5	-0.7752	5
CK_K	4.5465	1	1.4772	1	-0.3084	2	1.9051	1

2. 土壤入渗模型

本报告选用 3 个概念明确、可靠实用的土壤水分入渗模型对各林分不同层次土壤入渗过程进行模拟：①考氏（Kostiakov）公式：$f(t)=at-b$。$f(t)$为入渗速率；t为入渗时间；a、b为拟合参数；②霍顿（Horton）公式：$f(t)=f_c+(f_0-f_c)e-\beta t$。$f(t)$为入渗速率；$t$为入渗时间；$f_0$和$f_c$分别为初渗率和稳渗率；$\beta$为经验参数；③通用经验公式：$f(t)=a+bt-c$，$f(t)$为入渗速率；$t$为入渗时间；$a$、$b$为经验参数；$c$为拟合参数。

结果（表 3-33）表明：各林分不同土层水分入渗 3 个回归模型均达极显著相关，但模型的拟合优度存在差异。其中 Horton 方程拟合优度为 0.667~0.993，Kostiakov 方程拟合优度为 0.730~0.993，通用经验方程拟合优度为 0.837~0.999。在 18 个土壤水分入渗最优模型中，通用经验方程 10 个，占总数的 55.6 %，Horton 方程 5 个，Kostiakov 方程 3 个，且当 Kostiakov 方程最优时，Horton 方程或通用经验方程的拟合优度几乎与其相等，表明在这 3 种模拟土壤水分入渗过程的方程中，通用经验方程效果最佳，Kostiakov 方程效果最差。

3. 土壤渗透性影响因子

（1）土壤理化性质对渗透性的影响。设土壤最大持水量为 X_1，毛管持水量为 X_2，田间持水量为 X_3，容重为 X_4，总孔隙度为 X_5，毛管孔隙度为 X_6，非毛管孔隙度为 X_7，2~0.25 毫米土壤颗粒含量为 X_8，0.25~0.05 毫米土壤颗粒含量为 X_9，0.05~0.01 毫米土壤颗粒含量为 X_{10}，0.01~0.005 毫米土壤颗粒含量为 X_{11}，0.005~0.001 毫米土壤颗粒含量为 X_{12}，小于 0.001 毫米的土壤颗粒含量为 X_{13}，土壤有机质含量为 X_{14}，土壤 pH 值为

表 3-33 不同林分不同层次土壤入渗模型

林分类型	层次	Kostiakov 方程	R^2	Horton 方程	R^2	通用经验方程	R^2
CK_S	A_1	$y=4.7737t^{-0.2480}$	0.989	$y=1.8119+2.5148e^{-0.0953t}$	0.969	$y=2.8528+3.9651t^{-1.5819}$	0.984
	A_2	$y=5.3081t^{-0.2680}$	0.936	$y=1.4186+2.3029e^{-0.0359t}$	0.981	$y=1.9667+3.9658t^{-0.7537}$	0.979
	A_3	$y=3.6280t^{-0.2064}$	0.976	$y=1.4822+1.4460e^{-0.0508t}$	0.975	$y=1.9444+3.6133t^{-1.1807}$	0.884
T_{ZS}	A_1	$y=9.1446t^{-0.1910}$	0.730	$y=4.2949+3.8036e^{-0.0727t}$	0.667	$y=4.4086+28.0453t^{-1.3589}$	0.837
	A_2	$y=3.7656t^{-0.1485}$	0.976	$y=2.2123+1.4944e^{-0.1172t}$	0.993	$y=1.2998+2.7189t^{-0.3026}$	0.979
	A_3	$y=1.1011t^{-0.0972}$	0.915	$y=0.7911+0.4142e^{-0.1832t}$	0.982	$y=0.7428+0.6316t^{-0.7414}$	0.965
T_{ZC}	A_1	$y=2.9042t^{-0.1605}$	0.968	$y=1.5223+1.1472e^{-0.0758t}$	0.966	$y=1.9208+1.7413t^{-1.1697}$	0.999
	A_2	$y=1.6858t^{-0.2177}$	0.963	$y=0.7282+0.9583e^{-0.1135t}$	0.983	$y=0.5659+1.6996t^{-0.6016}$	0.981
	A_3	$y=0.7509t^{-0.1549}$	0.921	$y=0.4189+0.4188e^{-0.1464t}$	0.951	$y=0.3744+0.7161t^{-0.7336}$	0.975
T_{ZK1}	A_1	$y=11.1561t^{-0.2201}$	0.983	$y=4.4968+5.1148e^{-0.0706t}$	0.982	$y=4.9014+5.3999t^{-1.0077}$	0.883
	A_2	$y=7.6932t^{-0.2353}$	0.983	$y=2.9445+3.8175e^{-0.0785t}$	0.992	$y=4.8347+5.7497t^{-0.5696}$	0.971
	A_3	$y=6.8763t^{-0.2174}$	0.985	$y=2.7735+3.0497e^{-0.0653t}$	0.988	$y=4.9801+10.000t^{-3.7767}$	0.999
T_{ZK2}	A_1	$y=9.4692t^{-0.2731}$	0.993	$y=3.2601+4.9834e^{-0.0917t}$	0.991	$y=4.8681+14.6035t^{-1.6194}$	0.913
	A_2	$y=3.5238t^{-0.3226}$	0.986	$y=0.9507+1.7476e^{-0.0737t}$	0.986	$y=2.0029+2.4483t^{-1.9509}$	0.999
	A_3	$y=1.6626t^{-0.2614}$	0.973	$y=0.5919+0.8379e^{-0.0846t}$	0.974	$y=0.9750+1.5120t^{-1.7925}$	0.995
CK_K	A_1	$y=11.5235t^{-0.1670}$	0.975	$y=5.9929+4.5433e^{-0.0800t}$	0.988	$y=8.6083+5.7314t^{-1.9753}$	0.997
	A_2	$y=5.6998t^{-0.0948}$	0.981	$y=3.9596+1.5672e^{-0.0861t}$	0.990	$y=4.9976+8.0000t^{-4.4711}$	0.999
	A_3	$y=6.1385t^{-0.2479}$	0.940	$y=1.5758+2.7513e^{-0.0412t}$	0.987	$y=3.6126+4.8084t^{-2.6335}$	0.999

X_{15}，最初2分钟渗透率为Y_1，稳渗率为Y_2，平均渗透率为Y_3，总渗透量为Y_4，相关分析结果(表3-34)表明，土壤渗透性与土壤最大持水量、毛管持水量、总孔隙度、非毛管孔隙度、0.005~0.001毫米颗粒含量和土壤有机质含量极显著正相关，与土壤容重极显著负相关，说明土壤理化性质显著地影响林地土壤渗透性能。

(2)土壤生物因子对渗透性的影响。将各林分不同层次土壤生物因子与土壤渗透特性指标进行相关分析。结果表明(表3-35)：土壤渗透性与细菌含量、放线菌含量、蛋白酶活性、脲酶活性和多酚氧化酶活性极显著或显著相关，说明土壤生物因子能有效提高土壤渗透性能。土壤生物因子对土壤渗透性强化效应的实质是森林改善了土壤理化性质，提高土壤有机质含量，从而改善土壤微环境，提高土壤生物活性，而土壤生物活性的增强又加速土壤风化和养分循环，最终提高土壤渗透性能。设最大持水量为X_1，毛管持水量为X_2，田间持水量为X_3，容重为X_4，总孔隙度为X_5，毛管孔隙度X_6，非毛管孔隙度为X_7，0.005~0.001毫米的颗粒含量为X_8，有机质含量为X_9，细菌含量为Y_1，放线菌含量为Y_2，真菌含量Y_3，过氧化氢酶活性为Y_4，蔗糖酶活性Y_5，多酚氧化酶Y_6，蛋白酶活性为Y_7，脲酶活性为Y_8，酸性磷酸酶活性为Y_9，对两组进行相关分析(表3-36)，结果表明，除毛管孔隙度外，土壤细菌含量、蛋白酶活性和脲酶活性与土壤其他理化性质之间显著或极显著相关，此外，土壤理化性质对其他土壤生物指标也有较大影响。这说明，土壤物理性质对土壤生物活性有显著影响，从而也证明前文有关土壤生物因子对土壤渗透性强化实质结论的正确性。

4. 土壤入渗主导因子方程

根据土壤渗透性与土壤理化性质和土壤生物活性的相关分析结果，选择了与土壤渗透性极显著相关因子：土壤最大持水量(B_1)、毛管持水量(B_2)、容重(B_3)、总孔隙度(B_4)、非毛管孔隙度(B_5)、0.005~0.001土壤颗粒含量(B_6)、土壤有机质含量(B_7)、细菌含量(B_8)和蛋白酶活性(B_9)，分别对其进行主分量分析(表3-37)，结果表明，土壤理化性质和土壤生物活性的第一主分量方差贡献率分别为75.6692%，且土壤理化及生物因子在第一主分量上的负荷量均在0.7185以上，其中土壤最大持水量在第一组分量的负荷量最大，达0.9587，其次为土壤容重(0.9484)，

表 3-34 土壤理化性质与土壤渗透性相关系数

土壤渗透性	X_1	X_2	X_3	X_4	X_5	X_6	X_7	X_8	X_9	X_{10}	X_{11}	X_{12}	X_{13}	X_{14}	X_{15}
Y_1	0.741**	0.624**	0.459	-0.766**	0.663**	0.159	0.869**	0.034	-0.199	0.027	-0.241	0.761**	0.027	0.813 1**	-0.183 5
Y_2	0.740**	0.653**	0.505*	-0.772**	0.665**	0.249	0.777**	-0.014	-0.298	-0.025	-0.255	0.707**	0.210	0.823 0**	-0.241 2
Y_3	0.7360**	0.643**	0.486*	-0.768**	0.658**	0.211	0.806**	-0.005	-0.288	-0.009	-0.255	0.743**	0.174	0.818 5**	-0.232 1
Y_4	0.750**	0.654**	0.497*	-0.781**	0.669**	0.212	0.821**	-0.001	-0.277	0.004	-0.259	0.744**	0.153	0.820 3**	-0.228 6

注：**，极显著差异；*，显著差异；下同。

表 3-35 土壤生物因子与土壤渗透性的相关系数

土壤渗透性	细菌	放线菌	真菌	过氧化氢酶	蔗糖酶	多酚氧化酶	蛋白酶	脲酶	酸性磷酸酶性
Y_1	0.7260**	0.5786*	0.4497	0.4407	0.5279*	0.5473*	0.7068**	0.6782**	0.3169
Y_2	0.7303**	0.6203**	0.3947	0.3382	0.4174	0.4775*	0.7240**	0.5827*	0.2749
Y_3	0.7278**	0.6084**	0.3891	0.3609	0.4357	0.5002*	0.7090**	0.6050**	0.2714
Y_4	0.7310**	0.5945**	0.3934	0.3719	0.4525	0.4995*	0.7080**	0.6216**	0.2776

表 3-36 土壤理化性质与土壤生物活性相关系数

土壤生物	土壤理化性质								
	X_1	X_2	X_3	X_4	X_5	X_6	X_7	X_8	X_9
Y_1	0. 707**	0. 671**	0. 551*	−0. 697**	0. 704**	0. 459	0. 617**	0. 518*	0. 851**
Y_2	0. 448	0. 414	0. 233	−0. 382	0. 483*	0. 326	0. 415	0. 535*	0. 662**
Y_3	0. 339	0. 314	0. 190	−0. 301	0. 389	0. 282	0. 311	0. 121	0. 613**
Y_4	0. 534*	0. 479*	0. 302	−0. 549*	0. 523*	0. 331	0. 466	0. 577*	0. 567*
Y_5	0. 536*	0. 454	0. 286	−0. 478*	0. 533*	0. 273	0. 544*	0. 619**	0. 467
Y_6	0. 321	0. 269	0. 117	−0. 304	0. 359	0. 110	0. 452	0. 517*	0. 545*
Y_7	0. 699**	0. 631**	0. 637**	−0. 709**	0. 657**	0. 370	0. 637**	0. 5597*	0. 807**
Y_8	0. 723**	0. 639**	0. 541*	−0. 695**	0. 677 9**	0. 392 8	0. 644**	0. 6707**	0. 792**
Y_9	0. 595**	0. 577*	0. 433	−0. 545*	0. 667 2**	0. 511 6*	0. 509*	0. 3957	0. 401

土壤有机质含量的负荷量最小，但也高达0. 7185，表明与土壤渗透性极显著相关的土壤理化及生物活性因子的第一主分量表达了其绝大多数信息，其方程为 $\alpha = 0.3673\tilde{B}_1 + 0.3449\tilde{B}_2 - 0.3631\tilde{B}_3 + 0.3545\tilde{B}_4 + 0.3249\tilde{B}_5 + 03237\tilde{B}_6 + 0.2753\tilde{B}_7 + 0.3199\tilde{B}_8 + 0.3162\tilde{B}_9 + 0.0003$（$\tilde{B}_i$ 表示各指标标准化数据）。

表 3-37 土壤理化性质和主生物活性因子主分量分析

参数	主分量			
	P_1	P_2	P_3	P_4
B_1	0. 9587	0. 2787	0. 0204	0. 0044
B_2	0. 9001	0. 3962	−0. 1011	0. 1286
B_3	−0. 9484	−0. 2301	−0. 0480	0. 0244
B_4	0. 9253	0. 3245	−0. 0519	0. 0378
B_5	0. 8479	−0. 0524	0. 3573	−0. 3323
B_6	0. 8450	−0. 4139	−0. 1567	0. 1058
B_7	0. 7185	−0. 3360	0. 5453	0. 2344
B_8	0. 8350	−0. 2843	−0. 3454	0. 0816
B_9	0. 8253	−0. 3262	−0. 2425	−0. 2132
特征值	6. 8123	0. 8671	0. 6434	0. 2472
贡献率	75. 692	9. 634	7. 148	2. 747
累积贡献率	75. 692	85. 326	92−474	95. 222

表 3-38　土壤渗透性能及其主要影响因子的第一主分量特征

参数	主分量方程	方差贡献率
土壤渗透性	$\alpha_1 = 0.4947\tilde{Y}_1 + 0.4993\tilde{Y}_2 + 0.5031\tilde{Y}_3 + 0.5033\tilde{Y}_4 - 0.0002$	98.610
主要影响因子	$\beta_1 = 0.3673\tilde{B}_1 + 0.3449\tilde{B}_2 - 0.3631\tilde{B}_3 + 0.3545\tilde{B}_4 + 0.3249\tilde{B}_5 + 0323 7\tilde{B}_6 + 0.2753\tilde{B}_7 + 0.3199\tilde{B}_8 + 0.3162\tilde{B}_9 + 0.0003$	75.692

因此，结合前文土壤渗透性主分量分析结果，α_1 和 β_1 分别解释为土壤渗透性、土壤理化性质和生物活性综合量度的主分量，可定义 P 为土壤渗透性综合参数，β 为土壤理化性质和土壤生物活性综合参数，以最初入渗速率(Y_1)、稳渗速率(Y_2)、平均渗透速率(Y_3)和前 60 分钟总渗透总量(Y_4)和渗透性综合参数 P 为因变量，以土壤理化性质和土壤生物活性综合参数(β)为自变量进行回归分析，得到回归方程(表 3-38)：$Y_1 = 4.5416 + 0.8999\beta$($R^2 = 0.7181$，$p = 9.06\times10^{-6}$)；$Y_2 = 2.3511 + 0.5034\beta$($R^2 = 0.7051$，$p = 1.31\times10^{-5}$)；$Y_3 = 2.8966 + 0.5866\beta$($R^2 = 0.7058$，$p = 1.28\times10^{-5}$)；$Y_4 = 168.3296 + 34.8184\beta$($R^2 = 0.824$，$p = 1.33\times10^{-6}$)；$P = 0.0005 + 0.6467\beta$($R^2 = 0.7224$，$p = 7.99\times10^{-6}$)，均达极显著水平。

5. 土壤渗透性与土壤抗冲性能

根据前人得出的研究成果，“土壤抗冲性能与土壤中毛根含量、有机质含量、土壤硬度及土壤渗透性能等相关性较高”“土壤抗冲性随土壤中毛根含量和土壤硬度的增加而增强”和沈慧等(2000)得出的“土壤渗透性能与土壤硬度正反比关系”，以土壤渗透性能作为土壤抗冲性能的评价指标时，土壤抗冲性能随土壤渗透性能的增加而增强。由各林分不同土层土壤渗透性能优劣可得，在 0~20 厘米层中，各林分其他土壤抗冲性能大小依次为：$CK_K > T_{ZK1} > T_{ZS} > T_{ZK2} > CK_S > T_{ZC}$；在 20~40 厘米层中，各林分其他土壤抗冲性能优劣依次为：$CK_K > T_{ZK1} > T_{ZS} > CK_S > T_{ZK2} > T_{ZC}$；而 40~60 厘米层中，各林分土壤抗冲性能依次为：$T_{ZK1} > CK_K > CK_S > T_{ZS} > T_{ZK2} > T_{ZC}$。

从土壤渗透性能主分量分析结果可得：各林分土壤抗冲性能均表现为随土层增加而减弱，各林分土壤不同土层土壤渗透性排序略有不同，但土壤各层中，毛竹纯林土壤抗冲性能最强，常绿阔叶林或 8 竹 2 阔林最差。整体来看，各林分土壤抗冲性能优劣依次为：$CK_K > T_{ZK1} > T_{ZS} > CK_S > T_{ZK2} > T_{ZC}$。

(二)根系对土壤抗冲性的增强效应

虽然土壤的抗侵蚀能力主要取决于土壤的内在特性，如土壤的孔隙状况、渗透性能、机械组成、有机质含量、水稳性团聚体等指标。但是植被状况却在很大程度上决定了土壤特性的优劣。正因此，植被被广泛应用于治理土壤侵蚀。植被提高土壤的抗侵蚀能力主要是通过改善土壤的自然侵蚀环境来实现的。植被地上部分的水土保持功能主要通过冠层的阻隔、截流和枯枝落叶层的涵水作用等来减少林内降雨量、降雨强度及雨滴下落速率，减少径流量和径流速率，推迟产流时间；而植物根系在稳定土壤结构、提高土壤抗冲性和土壤渗透性能、防治土壤侵蚀方面的作用是植物地上部分所无法相比的，具有不可忽视的作用(毛瑢等，2006)。根系影响土壤水力学性质程度取决于根系在土体中缠绕和分布状况。包括根密度、垂直、水平方向分布及根的分枝特性等(王库，2001)。本报告仅从不同林分根系分布特征、根长及其表面积来进行分析。

1. 不同林分土壤根系分布特征

根系在土壤中的分布特征随林分组成、林分密度、土壤类型及生长季节表现出很大的差异，而对相同立地的相同林分来说，其根系分布特征是相似的，这对于研究不同林分生态功能提供了理论基础，也为研究根系对增强土壤抗冲性提供重要依据。对闽北不同林分土壤根系分布特征研究可得(表3-39)：

(1) 各林分各层次不同直径大小根系的生物量以大于5.00毫米的生物量最大，0.50~1.00毫米的最低，其余直径的根系生物量大小排序在不同林分不同层次之间略有差异，从三层平均来看，2.00~5.00毫米的根系生物量仅次于大于5.00毫米的根系生物量，之后依次为小于0.50毫米和1.00~2.00毫米的生物量。计算可得小于1.00毫米的根系生物量占总生物量的比例为11.37%~26.81%，其中6竹4阔林最高，为26.81%，8竹2阔林次之(26.77%)，杉木纯林最低，为11.37%，常绿阔叶林的(17.44%)仅高于杉木纯林和杉竹混交林(16.81%)。

(2) 除一些林分的一些径级外，各林分不同径级的根系生物量呈现随土层增加而减小的态势，尤其是直径大于5毫米的根系随土层增加而减少的态势明显。虽然不同土层中不同大小的根系占同一层次总生物量的比例差异较大，但根系生物量随土层的增加而减少，其中0~20厘米土层生物量最多，占相应林分的47.85%~64.28%，其中8竹2阔林的最高，占总生物量的64.28%，其次为常绿阔叶林，占总生物量的60.20%，之后为杉

表 3-39 各林分根系特征参数

林分类型	参数	重量(克/立方米)					长度(米/立方米)				
		>5 毫米	2.0~5.0 毫米	1.0~2.0 毫米	0.5~1.0 毫米	<0.5 毫米	>5 毫米	2.0~5.0 毫米	1.0~2.0 毫米	0.5~1.0 毫米	<0.5 毫米
CK_S	A_o	715.02	596.67	159.17	50.01	125.83	43.61	204.59	203.33	168.34	634.20
	A_1	275.08	272.50	63.33	55.05	53.33	16.77	93.44	80.90	185.17	268.81
	A_2	205.03	240.00	44.17	24.17	21.67	12.50	82.29	56.42	81.36	109.20
平均		398.38	369.72	88.89	43.08	66.94	24.29	126.77	113.55	144.96	337.40
T_{ZS}	A_o	2545.80	1485.02	388.33	312.50	805.06	41.42	507.43	349.15	449.72	3245.80
	A_1	2160.07	305.06	585.83	195.83	232.50	35.15	104.22	526.73	281.82	937.45
	A_2	1199.20	371.67	330.02	198.33	149.17	19.51	127.00	296.71	285.42	601.46
平均		1968.36	720.58	434.73	235.55	395.58	32.03	246.22	390.86	338.99	1594.90
T_{ZC}	A_o	1913.30	1255.00	620.00	446.67	1475.80	11.41	443.70	565.50	834.87	4636.67
	A_1	2198.30	906.67	223.33	130.00	401.67	13.11	320.55	203.70	242.98	1261.97
	A_2	1088.30	741.67	200.00	136.67	196.67	6.49	262.22	182.42	255.45	617.90
平均		1733.30	967.78	347.78	237.78	691.38	10.34	342.16	317.21	444.43	2172.18
T_{ZK1}	A_o	2587.50	1136.70	475.83	301.67	1213.30	87.15	402.92	530.69	689.62	4792.45
	A_1	306.67	788.33	338.33	231.67	289.17	10.33	279.44	377.34	529.60	1142.20
	A_2	301.67	436.67	138.33	113.33	231.67	10.16	154.79	154.28	259.07	915.08
平均		1065.28	787.23	317.50	215.56	578.05	35.88	279.05	354.10	492.76	2283.24

（续）

林分类型	参数	重量（克/立方米）					长度（米/立方米）				
		>5 毫米	2.0~5.0 毫米	1.0~2.0 毫米	0.5~1.0 毫米	<0.5 毫米	>5 毫米	2.0~5.0 毫米	1.0~2.0 毫米	0.5~1.0 毫米	<0.5 毫米
T_{ZK2}	A_o	1983.50	946.39	622.78	643.06	923.75	105.50	335.50	567.48	1507.16	3745.91
	A_1	1085.04	563.89	333.89	212.22	284.44	57.71	199.90	304.24	497.39	1153.43
	A_2	216.25	597.22	271.81	193.06	168.89	11.50	211.72	247.68	452.48	684.87
平均		1094.93	702.50	409.49	349.45	459.03	58.24	249.04	373.13	819.01	1861.40
CK_K	A_o	1268.00	962.05	276.00	158.04	410.01	46.73	202.24	240.89	265.48	1574.56
	A_1	538.06	352.09	88.06	60.05	80.02	19.83	74.00	76.80	100.82	307.23
	A_2	344.07	260.01	128.07	62.02	120.03	12.68	54.66	111.72	104.18	460.85
平均		716.71	524.72	164.04	93.37	203.35	26.41	110.30	143.14	156.83	780.88

木纯林、6 竹 4 阔林和杉竹混交林，分别为 56.76%、56.59%和 49.15%，毛竹纯林的最低，为 47.85%。20~40 厘米土层生物量占总生物量比例范围为 21.90%~32.34%，这样各林分在 0~40 厘米土层中集中了根系总生物量的 80.04%以上，毛竹林、8 竹 2 阔林、6 竹 4 阔林、杉竹混交林、杉木林和常绿阔叶林 0~40 厘米土层的根系生物量占总根系生物量的比例分别为 80.19%、86.26%、84.00%、80.04%、81.55%和 82.10%，不同林分根系分布特征主要与树种特性、土壤类型及树种间的相互竞争密切相关，毛竹、杉木均为浅根植物，而竹阔混交林中的阔叶树年龄较小，其根系分布较浅，使得它们在 0~40 厘米土层中竞争较激烈，这使得竹阔混交林 0~40 厘米土层根系占总生物量的比例较高，而常绿阔叶林因在山顶，土层较薄，使得其 0~40 厘米土层中的根系生物量比例也较大。

（3）除少数林分一些径级根系外，各林分不同大小的根系单位体积内根系总长度呈现随土层的增加而减小的态势，这一特点对直径大于 5 毫米的根系尤其明显。不同大小的根系长度占总根系长度的比例因林分不同略有差异，从平均值来看，毛竹纯林和杉木混交林不同大小的根系的长度依次为：小于 0.50 毫米>0.50~1.00 毫米>2.00~5.00 毫米>1.00~2.00 毫米>大于 5.00 毫米，而其余林分为小于 0.50 毫米>0.50~1.00 毫米>1.00~2.00 毫米>2.00~5.00 毫米>大于 5.00 毫米，其中小于 0.50 毫米的根系长度所占比例最高，其范围为 45.17%~66.28%，其中 8 竹 2 阔林的最高，为 66.28%，其次为毛竹纯林(66.10%)和常绿阔叶林(64.13%)，杉木纯林的最低(45.17%)，与其生物量大小次序略有差异，说明植被根系长度不仅与植被有关，还与其根系大小分布密切相关。各林分小于 1.00 毫米的根系的总长度大小次序依次为 $T_{ZK1}>T_{ZK1}>T_{ZC}>T_{ZS}>CK_{K}>CK_{S}$，其小于 1.00 毫米的根系总长度分别为 2776.00 米/立方米、2680.41 米/立方米、2616.61 米/立方米、1933.89 米/立方米、937.31 米/立方米和 482.36 米/立方米。

2. 根系与土壤抗冲性的关系

根系对土壤抗冲性能的提高作用的机理在于林木根系在土壤中纵横交错、相互缠绕，构成地下能够固定土粒的“钢筋”网络系统，增加了土壤抗剪能力，使其能够有效地抵御水流的冲刷(毛瑢等，2006)。与地上部分分布相比，林木根系水平分布的范围要广泛得多，成熟林林地中，各径阶根系总长可达每公顷数千至上万公里，而生物量亦可达每公顷数吨至 20

多吨，这样的网络系统使松散的土粒成为难以分散的团粒、团块，从而提高土壤的抗冲性能(刘秉正，1987)。研究发现，小于1.00毫米的须根密度决定了土壤抗冲性能的高低，且植物根系提高土壤抗冲性能的作用随土层深度的增加急剧减弱，且根系固土的有效深度与坡度密切相关(孙立达和陈金农，1995)。为此刘秉正等研究了刺槐林土壤毛根生物量与树高、胸径的相关模型，并得出土壤冲刷模数与毛根含量的回归模型(刘秉正，1987)。而张金池等建立了不同根径的根量、根长、土壤有机质含量与土壤抗冲性指数的直线、幂指数和对数等多种形式的单相关模型，发现小于等于2.0毫米根径的根量、根长、土壤有机质含量与土壤抗冲指数之间的线性正相关回归模型(张金池和康立新，1994)。

综上所述，土壤中有效根根量愈大，根长愈长，土壤的抗冲指数越高，表明土壤的抗冲性能越强。因此，结合各试验林分根系分布特征可得：①各林分各径阶的根量随土层变化的规律说明各林分土壤的抗冲性能随土层的增加而减弱，从0~60厘米土层中小于1.00毫米的根量来评价各林分土壤抗冲性可得各林分土壤抗冲性能优劣次序依次为：$T_{ZC}>T_{ZK2}>T_{ZK1}>T_{ZS}>CK_K>CK_S$；②各林分土壤中的根长分布特征同样说明：各林分土壤的抗冲性能随土壤深度的增加而减弱，且各个层次之间减弱的较明显，由三层根长平均值大小可得，各林分土壤抗冲性能大小依次为：$T_{ZK1}>T_{ZK2}>T_{ZC}>T_{ZS}>CK_K>CK_S$。

(三)土壤抗冲性指数

土壤抗冲性指数是表征林地土壤抗冲刷性能的综合参数，土壤抗冲性指数愈大，其抗冲性能愈强。对试验林分土壤抗冲性指数分析可得(见表3-40)：各林分土壤抗冲性指数随土层的增加而降低，这主要是由植被对土壤的改良作用随土层的增加而减弱所致。各林分0~20厘米和20~40厘米土层土壤抗冲性指数优劣排序一致为：$CK_K>T_{ZK1}>T_{ZK2}>T_{ZC}>T_{ZS}>CK_S$，而40~60厘米土层为：$T_{ZK1}>T_{ZK2}>CK_K>T_{ZC}>T_{ZS}>CK_S$。从0~60厘米土层土壤抗冲性指数的平均值来看，各试验林分土壤抗冲性能从大至小依次为：$CK_K>T_{ZK1}>T_{ZK2}>T_{ZC}>T_{ZS}>CK_S$，即呈现林地土壤抗冲性能从针叶树到毛竹纯林再到常绿阔叶林依次增强的态势。

表 3-40　不同林分土壤抗冲性指数

秒/克

层次	林分类型					
	CK_S	T_{ZS}	T_{ZC}	T_{ZK1}	T_{ZK2}	CK_K
A_0	0.507	0.586	0.657	0.711	0.705	0.724
A_1	0.411	0.425	0.436	0.529	0.524	0.536
A_2	0.264	0.287	0.311	0.342	0.338	0.336
平均	0.394	0.433	0.468	0.527	0.522	0.532

三、土壤抗侵蚀性影响因子

（一）土壤抗侵蚀性指标与土壤理化性质和生物性质的关系

除人为活动外，林地土壤抗侵蚀性主要受林地土壤特性和生物因子的影响，为此，特对各试验林分土壤因子与土壤抗侵蚀性能指标之间进行相关分析，设最大持水量为 X_1，毛管持水量为 X_2，田间持水量为 X_3，容重为 X_4，总孔隙度为 X_5，毛管孔隙度为 X_6，非毛管孔隙度为 X_7，有机质含量为 X_8，全氮含量 X_9，水解氮含量为 X_{10}，全磷含量为 X_{11}，有效磷为 X_{12}，全钾含量为 X_{13}，有效钾含量为 X_{14}，细菌数为 X_{15}，放线菌为 X_{16}，真菌为 X_{17}，过氧化氢酶活性为 X_{18}，蔗糖酶为 X_{19}，多酚氧化酶为 X_{20}，蛋白酶活性为 X_{21}，脲酶活性为 X_{22}，大于 5 毫米大颗粒含量为 X_{23}，2.0~5.0 毫米颗粒含量为 X_{24}，1.0~2.0 颗粒含量为 X_{25}，0.5~1.0 颗粒含量为 X_{26}，0.25~0.5 颗粒含量为 X_{27}，小于 0.25 颗粒含量为 X_{28}，大于 0.25 毫米颗粒含量为 X_{29}，0.25~0.05 毫米颗粒含量为 X_{30}，0.05~0.01 毫米颗粒含量为 X_{30}，0.01~0.005 毫米颗粒含量为 X_{32}，0.005~0.001 毫米颗粒含量为 X_{33}，小于 0.001 毫米颗粒含量为 X_{34}；以水稳性团聚体含量为 Y_1，结构体破坏率为 Y_2，团聚状况为 Y_3，团聚度为 Y_4，分散率为 Y_5，分散系数为 Y_6，结构系数为 Y_7，侵蚀率为 Y_8，团粒平均重量直径为 Y_9，水稳性指数为 Y_{10}，抗冲性指数为 Y_{11}，相关分析结果详见表 3-41，从中可看出：

表 3-41　土壤侵蚀性指标与土壤理化性质和生物性质因子的关系

变量	Y_1	Y_2	Y_3	Y_4	Y_5	Y_6	Y_7	Y_8	Y_9	Y_{10}	Y_{11}
X_1	0.0011	−0.2872	0.5395*	0.4473	−0.5697*	−0.6647**	−0.1327	−0.5258*	−0.4971*	0.5099**	0.6318**
X_2	0.1551	−0.4920*	0.5144*	0.4403	−0.2643	−0.7318**	0.3699	−0.2333	−0.3064	0.5241**	0.5104*
X_3	0.2677	−0.4644	0.3418	0.2405	−0.1982	−0.4841*	−0.0608	−0.2544	−0.3613	0.5050**	0.5970**
X_4	0.0057	0.3031	−0.6466**	−0.6213**	0.5358*	0.6995**	−0.0772	0.4392	0.4446	−0.5612**	−0.5360*
X_5	0.0734	−0.3743	0.5188*	0.5255*	−0.3758	−0.6018**	−0.1699	−0.3101	−0.4768	0.5549**	0.4914*
X_6	0.2156	−0.4657	0.3732	0.3054	−0.0051	−0.5192*	0.1527	0.0228	−0.3856	0.5405**	0.4214
X_7	0.0229	−0.1425	0.3155	0.2503	−0.6161**	−0.3767	−0.2555	−0.5721*	−0.3261	0.5130**	0.5600*
X_8	0.3124	−0.4644	0.4751*	0.2320	−0.6697**	−0.6921**	0.0308	−0.6589**	−0.1898	0.7842**	0.8971**
X9	0.1924	−0.4243	0.5160*	0.3127	−0.7623**	−0.7319**	−0.0506	−0.7301**	−0.3574	0.7899**	0.8897**
X_{10}	0.3464	−0.4210	0.2286	0.0304	−0.4663	−0.4412	0.1010	−0.5399*	−0.0467	0.6328**	0.7827**
X_{11}	−0.2915	0.0167	0.6583**	0.5448*	−0.4672	−0.5893*	0.3457	−0.3587	−0.5460*	0.4616	0.3357
X_{12}	0.2346	−0.3758	0.6225**	0.3516	−0.5851*	−0.7289**	0.2359	−0.5271*	−0.1678	0.6881**	0.6733**
X_{13}	−0.1705	0.3339	0.2468	0.2553	0.354	0.2091	−0.0493	0.4034	−0.1144	−0.4009	−0.5404*
X_{14}	0.0672	−0.0814	0.1843	0.1887	0.0924	−0.1417	0.3432	0.1400	0.1302	0.0585	−0.1331
X_{15}	0.3979	−0.4859*	0.5659*	0.3299	−0.5200*	−0.6991**	−0.0031	−0.4756*	−0.0849	0.7292**	0.7799**
X_{16}	0.3754	−0.4603	0.4257	0.2450	−0.4489	−0.5711	0.1619	−0.4113	−0.1571	0.6608**	0.7778**
X_{17}	0.8342**	−0.8352**	−0.1415	−0.2127	0.2919	−0.2834	0.1091	0.2491	0.3760	0.5057*	0.525*

（续）

变量	Y_1	Y_2	Y_3	Y_4	Y_5	Y_6	Y_7	Y_8	Y_9	Y_{10}	Y_{11}
X_{18}	0. 4367	-0. 4634	0. 0685	-0. 0692	-0. 4029	-0. 4564	-0. 2191	-0. 4328	0. 1031	0. 4404	0. 6772**
X_{19}	0. 3305	-0. 5393	0. 1208	-0. 0302	-0. 4242	-0. 5747*	-0. 0181	-0. 4136	-0. 1794	0. 7081**	0. 7977**
X_{20}	0. 2649	-0. 3926	0. 0592	0. 0491	-0. 1460	-0. 1629	0. 0029	-0. 2247	-0. 2421	0. 4192	0. 4886*
X_{21}	0. 4340	-0. 6473**	0. 3010	0. 1345	-0. 4353	-0. 5879*	-0. 0092	-0. 4648	-0. 3251	0. 8297**	0. 9129
X_{22}	0. 1812	-0. 4895*	0. 2066	0. 0652	-0. 5716*	-0. 6026*	0. 0178	-0. 5973**	-0. 3659	0. 6939**	0. 8271**
X_{23}	0. 8427**	-0. 9231**	-0. 0045	-0. 0047	0. 3660	-0. 3587	0. 2655	0. 3535	0. 3196	0. 5684*	0. 5288*
X_{24}	0. 6459**	-0. 7457**	-0. 0628	-0. 1611	-0. 1875	-0. 3543	0. 0614	-0. 2671	0. 0459	0. 6005**	0. 6620*
X_{25}	-0. 2696	0. 4761*	-0. 2273	-0. 3694	-0. 1046	0. 4066	-0. 4836*	-0. 1505	-0. 1062	-0. 2224	-0. 2304
X_{26}	-0. 6546**	0. 7688**	0. 0710	0. 0989	-0. 1890	0. 3118	-0. 2716	-0. 1515	-0. 0409	-0. 6839**	-0. 6213**
X_{27}	-0. 7595**	0. 8823**	-0. 0427	0. 0411	-0. 1705	0. 3970	-0. 0107	-0. 1262	-0. 0703	-0. 6167**	-0. 5747*
X_{28}	-0. 9571**	0. 9230**	0. 1777	0. 2233	-0. 3232	0. 2215	-0. 1551	-0. 2664	-0. 4966	-0. 4961*	-0. 5417*
X_{29}	-0. 0019	-0. 0214	0. 3179	0. 2688	-0. 1831	-0. 3735	-0. 0439	-0. 1486	-0. 1110	0. 0609	0. 1820
X_{30}	0. 0503	0. 0371	-0. 6225**	-0. 6703**	0. 0375	0. 2891	-0. 0648	-0. 0976	0. 0835	0. 0232	0. 0522
X_{31}	0. 0122	-0. 0106	-0. 2172	-0. 1707	-0. 0192	0. 3527	-0. 4232	-0. 1439	-0. 1092	-0. 1657	-0. 0353
X_{32}	0. 1542	-0. 1437	-0. 2254	-0. 1898	0. 1196	0. 3228	-0. 0270	0. 0174	-0. 0792	-0. 1165	-0. 0855
X_{33}	-0. 1677	-0. 0844	0. 3540	0. 3181	-0. 5896*	-0. 4052	-0. 0178	-0. 6121**	-0. 5934**	0. 4579	0. 6133**
X_{34}	-0. 0231	-0. 0613	0. 7462**	0. 8061**	0. 1833	-0. 5202*	0. 4035	0. 4301	0. 1376	0. 0411	-0. 1785

(1)水稳性团聚体含量与土壤真菌数量、大于5毫米颗粒含量、2.0~5.0毫米颗粒含量极显著正相关，与0.5~1.0毫米颗粒含量、0.25~0.5毫米颗粒含量和小于0.25毫米颗粒含量极显著负相关；结构体破坏率与毛管持水量为、细菌数量、脲酶活性和1.0~2.0毫米颗粒含量显著负相关，与真菌数量、蛋白酶活性、大于5毫米大颗粒和2.0~5.0毫米颗粒含量极显著负相关，与0.5~1.0毫米颗粒含量、0.25~0.5毫米颗粒含量和小于0.25毫米颗粒含量极显著正相关；团聚状况与土壤容重、全磷、有效磷和0.25~0.05毫米颗粒含量极显著负相关，与最大持水量、毛管持水量、总孔隙度、有机质、全氮含量和真菌数量显著正相关；团聚度与小于0.001毫米颗粒含量极显著正相关，与土壤容重和0.25~0.05毫米颗粒含量极显著负相关，与土壤总孔隙度、全磷含量显著正相关。

(2)分散率与非毛管孔隙度、有机质含量和全氮含量极显著负相关，与最大持水量、容重、有效磷含量、脲酶活性和0.005~0.001毫米颗粒含量显著负相关；分散系数与最大持水量、毛管持水量、总孔隙度、有机质含量、全氮含量、有效磷含量、细菌数量极显著负相关，与土壤容重极显著正相关，与土壤田间持水量、毛管孔隙度、全磷含量、蔗糖酶、多酚氧化酶、脲酶和小于0.001毫米颗粒含量显著负相关，而结构系数只与1.0~2.0毫米颗粒含量显著相关；侵蚀率与有机质含量、全氮含量、脲酶活性和0.005~0.001毫米颗粒含量极显著负相关，与最大持水量、非毛管孔隙度、水解氮含量、有效磷含量和细菌数量显著负相关；团粒平均重量直径与0.005~0.001毫米颗粒含量极显著负相关，与最大持水量、全磷含量显著负相关。

(3)水稳性指数与土壤最大持水量、毛管持水量、田间持水量、总孔隙度、毛管孔隙度、非毛管孔隙度、有机质含量、全氮含量、水解氮含量、有效磷含量、细菌数、放线菌、蔗糖酶、蛋白酶活性、脲酶活性、2.0~5.0毫米颗粒含量极显著正相关，与土壤容重、0.5~1.0毫米颗粒含量和0.25~0.5毫米颗粒含量极显著负相关，与真菌、大于5毫米大颗粒含量、脲酶活性和小于0.25毫米颗粒含量显著相关，此外，与其余的一些土壤指标，如全磷含量、多酚氧化酶等的相关系数也较大。

(4)抗冲性指数与最大持水量、田间持水量、非毛管孔隙度、有机质含量、全氮含量、水解氮含量、有效磷含量、细菌数量、放线菌数量、过氧化氢酶活性、蔗糖酶活性、蛋白酶活性、脲酶活性、2.0~5.0毫米颗粒含量和0. 05~0. 01毫米颗粒含量极显著正相关，与1. 0~2. 0毫米颗粒含量极显著负相关，与毛管持水量、容重，总孔隙度、非毛管孔隙度、全钾含量、真菌数量、多酚氧化酶、大于5毫米大颗粒含量、0. 25~0. 5毫米颗粒含量、小于0. 25毫米颗粒含量显著相关。

（二）土壤抗侵蚀性指标之间的关系

由于土壤抗侵蚀性指标主要包括林地土壤特性指标和林地生物因子指标，为了便于统计分析各林分不同土层土壤抗侵蚀性能，在此仅分析土壤抗侵蚀性的土壤特性指标。设水稳性团聚体含量为 Y_1，结构体破坏率为 Y_2，团聚状况为 Y_3，团聚度为 Y_4，分散率为 Y_5，分散系数为 Y_6，结构系数为 Y_7，侵蚀率为 Y_8，团粒平均重量直径为 Y_9，水稳性指数为 Y_{10}，抗冲性指数为 Y_{11}，有机质含量为 Y_{12}，初渗率为 Y_{13}，稳渗率为 Y_{14}，平均渗透率为 Y_{15}，渗透总量为 Y_{16}，对其进行相关分析，详细结果见表3-42，从中可看出：

表 3-42　土壤侵蚀性指标之间的关系

变量	Y_1	Y_2	Y_3	Y_4	Y_5	Y_6	Y_7	Y_8	Y_9	Y_{10}	Y_{11}	Y_{12}
Y_1	1											
Y_2	−0. 899**	1										
Y_3	−0. 319	0. 230	1									
Y_4	−0. 120	0. 020	0. 889**	1								
Y_5	0. 287	−0. 153	−0. 548*	−0. 270	1							
Y_6	−0. 296	0. 409	−0. 617**	−0. 707**	0. 461	1						
Y_7	0. 110	−0. 195	0. 280	0. 434	−0. 132	−0. 722**	1					
Y_8	0. 234	−0. 099	−0. 318	−0. 005	0. 937**	0. 261	0. 043	1				
Y_9	0. 405	−0. 229	−0. 408	−0. 237	0. 564*	0. 328	−0. 313	0. 552*	1			
Y_{10}	0. 446	−0. 654**	0. 266	0. 302	−0. 468*	−0. 704**	0. 366	−0. 424	−0. 345	1		
Y_{11}	0. 528*	−0. 636**	0. 126	0. 107	−0. 536*	−0. 541*	0. 138	−0. 575*	−0. 254	0. 834**	1	
Y_{12}	0. 393	−0. 532*	0. 282	0. 245	−0. 665**	−0. 665**	0. 283	−0. 671**	−0. 304	0. 840**	0. 917**	1
Y_{13}	0. 384	−0. 496*	−0. 058	0. 101	0. 002	−0. 179	−0. 044	0. 066	0. 435	0. 423	0. 441	0. 414
Y_{14}	0. 460	−0. 430	−0. 135	−0. 002	0. 322	−0. 071	−0. 040	0. 390	0. 516*	0. 253	0. 140	0. 101
Y_{15}	0. 462	−0. 587*	−0. 157	0. 068	0. 132	−0. 136	−0. 053	0. 178	0. 460	0. 428	0. 405	0. 344
Y_{16}	0. 457	−0. 581*	−0. 142	0. 066	0. 107	−0. 136	−0. 071	0. 153	0. 467	0. 438	0. 408	0. 362

（1）土壤结构破坏率与水稳性团聚体含量、水稳性指数和抗冲性指数极显著负相关，与土壤有机质含量、初渗速率、平均渗透率和渗透总量显著负相关；团聚状况与团聚度、分散系数极显著相关，与分散率显著相

关，团聚度还与分散系数极显著相关；分散率还与侵蚀率和土壤有机质含量极显著相关，与团粒平均重量直径、水稳性指数和抗冲性指数显著相关；分散系数还与结构系数、水稳性指数和土壤有机质含量极显著相关，与抗冲性指数显著负相关。

(2)侵蚀率还与土壤有机质含量极显著相关，与团粒平均重量直径和抗冲性指数显著相关；团粒平均重量直径还与稳渗速率显著相关；水稳性指数还与抗冲性指数和土壤有机质含量极显著正相关；土壤有机质含量与土壤抗冲性指数极显著相关。

由上可知，土壤有机质与其他抗侵蚀性指标中的 6 个极显著或显著相关。土壤抗冲性指数与 7 个土壤抗侵蚀性指标存在极显著或显著的相关关系。水稳性指数与 5 个土壤抗侵蚀性指标存在显著或极显著的相关关系。结构体破坏率也与 7 个土壤抗侵蚀性指标存在极显著或显著的相关关系。因此，为了解这些因子对土壤抗侵蚀性能的重要性，还需对其进行综合统计分析。

(三)土壤抗侵蚀性能主分量分析

为弄清土壤抗侵蚀性指标对林地土壤抗侵蚀性能的贡献大小，现对以上 16 个指标进行主分量分析，详细结果见表 3-43。主分量分析结果表明，前四个土壤抗侵蚀性主分量方差累积贡献率高达 90.0114%，大于 85%，表征了林地土壤抗侵蚀性能的绝大多数信息，而前两个主分量的贡献率高达 67.8070%，表征了林地土壤抗侵蚀性能 67.8070%的信息，可将它们看成是表征林地土壤抗侵蚀性能的综合参数。

主分量负载量表明，水稳性指数、抗冲性指数、土壤有机质含量、初渗速率、总渗透量、结构体破坏率和平均渗透速率在第一主分量中有较大的负荷量；而在第二主分量中，团粒平均重量直径、侵蚀率、分散率、团聚状况和稳渗速率的负载量较大，其因子负载量分别为 0.8511、0.8188、0.7350、0.6262 和 0.6260。第三主分量中团聚度、团聚状况和侵蚀率的负载量最大，其因子负载量分别为 0.7036、0.5952 和 0.5882。而在第四主分量中，结构系数、结构体破坏率和水稳性团聚体含量有较大的因子负荷量。

表 3-43　土壤抗侵蚀性主分量分析

变量	主分量			
	第一主分量	第二主分量	第三主分量	第四主分量
Y_1	0.6622	0.4854	−0.0601	−0.4604
Y_2	−0.7736	−0.2661	0.0518	0.4752
Y_3	0.2505	−0.6262	0.5952	0.3528
Y_4	0.3060	−0.5343	0.7036	0.2718
Y_5	−0.2376	0.8188	0.3368	−0.3041
Y_6	−0.6312	0.5732	−0.4232	0.2109
Y_7	0.3182	−0.3267	0.4570	−0.5351
Y_8	−0.1863	0.7350	0.5882	−0.2186
Y_9	0.1065	0.8511	0.1150	0.0858
Y_{10}	0.8468	−0.3451	−0.0972	−0.1543
Y_{11}	0.8212	−0.3278	−0.3672	−0.1367
Y_{12}	0.8004	−0.4918	−0.2597	−0.0391
Y_{13}	0.7863	0.4207	−0.0263	0.4039
Y_{14}	0.5668	0.6260	0.1802	0.2257
Y_{15}	0.7699	0.5016	0.0032	0.3253
Y_{16}	0.7763	0.4934	−0.0154	0.3357
特征根	5.9626	4.8865	1.9615	1.5912
贡献率	37.2664	30.5406	12.2595	9.9449
累计贡献率	37.2664	67.8070	80.0666	90.0114

虽然水稳性指数、抗冲性指数、土壤有机质含量、初渗速率、总渗透量、结构体破坏率和平均渗透速率在第一主分量中都有较大的负荷量，但以水稳性指数的负荷量最大，为0.8468，其次为抗冲性指数和土壤有机质含量，其负载量为0.8212和0.8004，且它们在前两个主分量的因子负荷量与贡献率乘积绝对值之和中也较大。结合前文土壤抗侵蚀性指数与土壤特性因子相关分析和土壤抗侵蚀性因子指标间的相关分析结果，土壤水稳性指数、抗冲性指数和土壤有机质含量不仅与众多土壤特性因子之间存在极显著或显著的相关关系，还与其他土壤抗侵蚀性指标之间存在极显著或显著的相关关系。因此，土壤水稳性指数、抗冲性指数和土壤有机质含量

在一定程度可作为评价林地土壤抗侵蚀性能强弱的综合参数。

(四)土壤抗侵蚀性的土壤特性指标与其生物指标的关系

土壤抗侵蚀性土壤特性指标主分量分析及相关分析结果表明，土壤水稳性指数、抗冲性指数和土壤有机质在一定程度上表征了林地土壤抗侵蚀性能的强弱，故在此仅考虑它们与土壤抗侵蚀性的生物指标——根系、枯落物储量、生物多样性指数及生物量的关系。

1. 与根系分布特征的关系

由于植被根系构成错综复杂的地下网状系统，增强了林地土壤的抗侵蚀性能，在此分析格林分地下根系特征与土壤水稳性指数、抗冲性指数、和土壤有机质含量的关系。设直径大于 5 毫米的根重为 X_1，直径为 2.0~5.0 毫米根重、1.0~2.0 毫米根重、0.5~1.0 毫米根重、小于 0.50 毫米根重及所有大小的总根重分别为 X_2、X_3、X_4、X_5 和 X_6，设直径大于 5 毫米根长、2.0~5.0 毫米根长、1.0~2.0 毫米根长、0.5~1.0 毫米根长、小于 0.50 毫米根长和总根长分别为 X_7、X_8、X_9、X_{10}、X_{11} 和 X_{12}，设水稳性指数、抗冲性指数和土壤有机质含量分别为 Y_1、Y_2 和 Y_3，对它们进行相关分析，结果表明(详见表 3-44)：①土壤抗冲性指数除与直径大于 5 毫米的根重显著相关外，与其余不同根径的根重、总根重、根长、总根长之间存在极显著的相关关系；②土壤水稳性指数除与直径大于 5 毫米的根重、直径 0.5~1.0 毫米的根重、直径 2.0~5.0 毫米的根长和直径 0.5~1.0 毫米的根长相关性不显著外，与其余根系指标均显著相关；③而土壤有机质含量与直径 2.0~5.0 毫米的根重、直径小于 0.50 毫米根重、根长和总根长达极限著正相关系，与直径大于 5 毫米根长、总根重显著相关。

表 3-44　植被根系与土壤抗侵蚀的相关分析

变量	Y_1	Y_2	Y_3	变量	Y_1	Y_2	Y_3
X_1	0.458	0.573*	0.431	X_7	0.562*	0.684**	0.544*
X_2	0.493*	0.707**	0.613**	X_8	0.365	0.592**	0.438
X_3	0.482*	0.583*	0.330	X_9	0.490*	0.602**	0.357
X_4	0.425	0.651**	0.369	X_{10}	0.388	0.634**	0.348
X_5	0.508*	0.752**	0.626**	X_{11}	0.562*	0.797**	0.650**
X_6	0.543*	0.719**	0.546*	X_{12}	0.535*	0.783**	0.602**

土壤水稳性指数、抗冲性指数和土壤有机质含量与地下根系指标相关分析结构侧面证明了土壤水稳性指数、抗冲性指数和土壤有机质含量可用来表征林地土壤抗侵蚀性能。

2. 与林地枯落物储量、生物量的关系

由于林地枯落物、乔木、灌木及草本长期对林地土壤的改良作用，使得林地土壤具有较强的抗侵蚀性能。在此研究林地土壤抗侵蚀性能与林地枯落物储量、乔灌草及总生物量的关系，设乔木层、灌木层、草本层、地上、地下及总生物量、林地枯落物总储量、未分解层、半分解层和已分解层枯落物储量分别为 X_1、X_2、X_3、X_4、X_5、X_6、X_7、X_8、X_9 和 X_{10}，设水稳性指数、抗冲性指数和土壤有机质含量分别为 Y_1、Y_2 和 Y_3，对它们进行相关分析（表 3-45）。相关分析结果表明，土壤有机质含量与林下灌木层生物量极显著正相关，水稳性指数与未分解层枯落物储量极显著负相关，此外，土壤有机质与林地地下生物量、地上生物量总生物量和乔木层生物量的相关系数、水稳性指数与林地枯落物储量、已分解层枯落物储量的相关系数和抗冲性指数与林地未分解层枯落物储量、林地枯落物储量及已分解层枯落物储量的相关系数虽均未达显著水平，但其值都较大。

表 3-45　土壤抗侵蚀性能与林地枯落物储量、生物量的关系

变量	Y_1	Y_2	Y_3	变量	Y_1	Y_2	Y_3
X_1	−0. 1141	−0. 1638	0. 5559	X_6	−0. 0691	−0. 1251	0. 5782
X_2	0. 4398	0. 3676	0. 9214**	X_7	−0. 6773	−0. 5344	0. 0608
X_3	0. 1979	0. 3573	0. 1230	X_8	−0. 8307**	−0. 7826	−0. 3302
X_4	−0. 0624	−0. 1193	0. 5827	X_9	−0. 4563	−0. 3074	0. 3608
X_5	0. 3262	0. 2524	0. 8093	X_{10}	−0. 6472	−0. 5113	0. 1514

林地枯落物、乔、灌、草生物量对林地土壤抗侵蚀性能的直接影响不太显著，这主要与它们增强林地土壤抗侵蚀性能的作用机理有关。林地枯落物及乔、灌、草增强林地土壤抗侵蚀性能主要体现以下两方面：①通过凋落物及根系分泌物等提高土壤养分含量及养分循环状况、改善土壤理化性质及生物活性；②通过植被根系在土壤中形成的网状系统提高土壤固土能力。

3. 与林地物种多样性的关系

物种多样性是指地球上动物、植物、微生物等生物种类的丰富程度，包括区域物种多样性和群落物种多样性。林分生物多样性，林分愈稳定，其抗干扰的能力愈强(王国宏，2002)。土壤侵蚀其实就是一种自然条件和人为因素共同作用的一种对林地土壤的干扰，基于此，本报告对试验林分生物多样性指数与土壤抗侵蚀性指标进行相关分析。设物种数、Margalef丰富度、Simpson指数、Shannon-Wiener指数、Pielou均匀度、生态优势度和均优多度分别为X_1、X_2、X_3、X_4、X_5、X_6和X_7；水稳性指数、抗冲性指数和土壤有机质含量分别为Y_1、Y_2和Y_3，对其进行相关分析。

分析结果表明(表3-46)：土壤抗冲性指数与物种数、Margalef丰富度和均优多度度之间存在极显著正相关关系，与Simpson指数、Shannon-Wiener指数和生态优势度的相关系也达显著水平。此外，水稳性指数与Shannon-Wiener指数和Pielou均匀度的相关系数、土壤有机质含量与Simpson指数、Shannon-Wiener指数和生态优势度指数的相关系数均大于0.5967。

与林地枯落物储量、乔、灌、草生物量相似，林分生物多样性对林地土壤抗侵蚀性能的增强作用不是直接的作用，而是通过间接作用，即生物多样性的提高丰富了林分物种组成，改变了林地枯落物的组成及其分解特性，加速了林地养分循环和能量转化，最终增强了林分对林地的改良作用，提高土壤理化性质和生物性质；同时生物多样性的提高，使得林分空间资源(地上和地下)的利用更为合理，使得林分根系空间分布更加复杂，林地网状系统更加稳定，这些作用相互影响，共同促进林地土壤抗侵蚀性能的增强。

表3-46 生物多样性与土壤抗侵蚀性的关系

变量	Y_1	Y_2	Y_3	变量	Y_1	Y_2	Y_3
X_1	0.4560	0.9332**	0.5106	X_5	0.7927	0.5287	0.4514
X_2	0.4365	0.9241**	0.5003	X_6	-0.5465	-0.8367*	-0.5967
X_3	0.5649	0.8442*	0.6083	X_7	0.5626	0.9507**	0.5703
X_4	0.6188	0.8659*	0.6408				

四、土壤抗侵蚀性能综合评价

土壤抗蚀性和抗冲性分析表明，各试验林分林地土壤抗蚀性和抗冲性的优劣次序因评价指标的不同而不同，为比较各试验林分林地土壤抗侵蚀性能的优劣次序，需对各林分土壤抗蚀性能和抗冲性能进行综合评价。

有关综合评价的方法较多，如加权综合指数法、加乘综合指数法、关联度分析法、层次分析法、神经网络分析等等，本报告加权综合指数法对各林分土壤抗侵蚀性能进行综合定量评价。

加权综合指数法的基本原理是：假设各参评指标相互独立，它们分别对土壤抗侵蚀性起作用，且对土壤抗侵蚀性能的贡献不完全相同。故该方法可形象地理解为：反映土壤抗侵蚀性能各个侧面的评价指标是不同方向上的多维矢量，各指标权重是各指标单位值在土壤抗侵蚀性能方向上的投影，这样，土壤抗侵蚀性能则是其各指标的矢量和。

具体方法是，首先对各评价指标值标准化，再通过因子分析确定各评价指标的权重，最后通过加权法计算各林分所有评价指标的累计得分。其计算公式为：

$$A = \sum_{i=1}^{n} W_i \times X_i \tag{3-13}$$

式中：A——土壤抗侵蚀性能综合得分；

W_i——第 i 指标的权重；

X_i——第 i 指标的标准化值。

由于不同土层土壤抗侵蚀性能差异较大，为了较客观地评价各林分土壤的抗侵蚀性能，在此仅对土壤抗蚀性和抗冲性的指标：水稳性团聚体含量 X_1、结构体破坏率 X_2、团聚状况 X_3、团聚度 X_4、分散率 X_5、分散系数 X_6、结构系数 X_7、侵蚀率 X_8、团粒平均重量直径 X_9、水稳性指数 X_{10}、抗冲性指数 X_{11}、有机质含量 X_{12}、初渗率 X_{13}、稳渗率 X_{14}、平均渗透率 X_{15}、渗透总量 X_{16}、直径 1.0~2.0 毫米根重 X_{17}、0.5~1.0 毫米根重 X_{18}、小于 0.50 毫米根重 X_{19}、直径 1.0~2.0 毫米根长 X_{20}、0.5~1.0 毫米根长 X_{21} 和小于 0.50 毫米的根长 X_{22} 进行综合定量分析。而不考虑林地枯落物储量及直径大于 2 毫米的根重及根长对林地土壤抗侵蚀的影响。

表 3-47　因子负荷及其权重

变量	公因子 1	公因子 2	公因子 3	公因子 4	权重
X_1	0. 6742	0. 5877	0. 0534	0. 2465	0. 0430
X_2	−0. 7659	−0. 5081	−0. 1452	−0. 1318	0. 0440
X_3	−0. 3107	−0. 0511	0. 9143	−0. 1868	0. 0483
X_4	−0. 3104	−0. 0068	0. 9319	0. 0487	0. 0482
X_5	0. 0415	0. 1683	−0. 2734	0. 9082	0. 0463
X_6	−0. 3378	−0. 0600	−0. 8757	0. 2692	0. 0476
X_7	0. 3275	0. 0521	0. 8831	−0. 2606	0. 0477
X_8	−0. 0619	0. 1656	−0. 0315	0. 9651	0. 0480
X_9	−0. 0401	0. 6318	−0. 1939	0. 5474	0. 0367
X_{10}	0. 5087	0. 3541	0. 4549	−0. 4865	0. 0412
X_{11}	0. 6392	0. 3211	0. 2527	−0. 6020	0. 0467
X_{12}	0. 3843	0. 3504	0. 4191	−0. 7032	0. 0468
X_{13}	0. 0621	0. 9679	0. 0490	−0. 1264	0. 0477
X_{14}	0. 0789	0. 9474	0. 0363	0. 1386	0. 0460
X_{15}	0. 1335	0. 9666	0. 0389	−0. 0164	0. 0475
X_{16}	0. 1235	0. 9734	0. 0210	−0. 0179	0. 0480
X_{17}	0. 9563	0. 0922	0. 0683	0. 1313	0. 0470
X_{18}	0. 9472	−0. 0513	−0. 0489	−0. 0832	0. 0453
X_{19}	0. 8567	0. 1080	−0. 0044	−0. 3159	0. 0421
X_{20}	0. 9523	0. 1203	0. 0243	0. 0535	0. 0460
X_{21}	0. 8713	−0. 1128	−0. 1457	−0. 2245	0. 0420
X_{22}	0. 8623	0. 1706	0. 0119	−0. 3295	0. 0439
方差贡献	7. 2760	5. 2141	3. 8695	3. 7269	
累计贡献	0. 3307	0. 5677	0. 7436	0. 9130	

因子分析表明(表 3-47)：前 4 个公因子方差贡献率高达 91. 30%，正交旋转后各变量的在载荷量和通过前 4 个公因子计算得来的权重详见表 3-47。通过计算可得各林分不同土层土壤抗侵蚀性能综合得分(表 3-48)：土壤抗侵蚀性能综合得分表明，各林分土壤抗侵蚀性能综合得分随土层的增加而减小。不同土层各林分土壤抗侵蚀性能优劣次序不完全一致，其中

0~20 厘米土层各林分土壤抗侵蚀性能优劣次序为：$T_{ZS}>T_{ZK1}>T_{ZK2}>CK_K>T_{ZC}>CK_S$；20~40 厘米土层各林分抗侵蚀性优劣次序为：$T_{ZS}>T_{ZK2}>T_{ZK1}>CK_S>CK_K>T_{ZC}$；40~60 厘米土层各林分抗侵蚀性优劣次序为：$T_{ZS}>CK_S>T_{ZK2}>CK_K>T_{ZK1}>T_{ZC}$；三层综合考虑，各林分综合土壤抗侵蚀性能优劣次序为 $T_{ZS}>T_{ZK2}>T_{ZK1}>CK_K>CK_S>T_{ZC}$。

表 3-48 不同林分土壤抗侵蚀性能综合得分

林分类型	土壤抗侵蚀功能综合得分			
	0~20 厘米土层	20~40 厘米土层	40~60 厘米土层	三层平均
CK_S	0. 1173	−0. 2296	−0. 3120	−0. 1414
T_{ZS}	0. 8237	0. 4635	0. 0650	0. 4508
T_{ZC}	0. 4005	−0. 4132	−0. 5907	−0. 2011
T_{ZK1}	0. 5586	−0. 1376	−0. 4704	−0. 0165
T_{ZK2}	0. 4735	−0. 1283	−0. 3482	−0. 0010
CK_K	0. 4200	−0. 2492	−0. 4429	−0. 0907

五、小 结

林地土壤抗侵蚀性除与林地土壤本身属性密切相关外，还与林分生物因子紧密相关。不同抗侵蚀性指标在土层中的变化态势不同，即使是同一指标，不同土层各林分优劣次序也有差异。

各林分与土壤抗侵蚀性有正效应的因子如：土壤有机质含量、水稳性指数、结构系数、土壤初渗率、稳渗率、平均渗透率、渗透总量、根重、根长及抗冲性指数，呈现随土层增加而降低的态势，而与土壤抗侵蚀性负效应的因子如：结构体破坏率、团粒破坏率、团聚度、分散率分散系数和侵蚀率，呈现随土层增加而增加的态势，这说明林地土壤抗侵蚀性随土壤深度的增加而降低，这主要与植被、枯落物对土壤的改善作用随土层增加而减弱有关。

各林分水稳性团聚体含量和团聚状况在一定范围内随土壤深度的增加而增加，但超过一定值时又有所降低，土壤团粒平均重量直径除常绿阔叶林随土层增加而降低外，杉木纯林和杉竹混交林 20~40 厘米土层土壤团粒平均重量直径最高，毛竹林和 6 竹 4 阔林以表层土壤最高，20~40 厘米最低，而8竹2阔林在不同土层间相差不大。各林分土壤抗侵蚀性指标随土层的变化与林分树种组成、枯落物储量、经营利用水平与方式密切相关。

各林分土壤入渗性研究表明，经验方程对拟合闽北不同毛竹林土壤入渗效果最佳，Kositiakov较差；土壤渗透性与土壤容重、水分系数、空隙状况、土壤有机质、细菌数、放线菌数、多酚氧化酶、蛋白酶和脲酶活性存在极显著或显著的相关关系。

不仅土壤抗侵蚀性指标与土壤理化性质、土壤酶活性、微生物数量、林地枯落物、生物量等因子之间存在显著或极显著的相关关系，土壤抗侵蚀性指标之间也存在极显著或显著的相关关系，说明林地土壤抗侵蚀性与土壤理化性质、生物活性和林分生物因子关系密切。

土壤抗侵蚀性综合评价研究表明，各林分土壤抗侵蚀性随土壤深度的增加而减弱，不同土层格林分土壤抗侵蚀性能优劣次序不尽相同，但均以杉竹混交林最高，总体来看，各林分土壤抗侵蚀性能优劣次序为：$T_{ZS}>T_{ZK2}>T_{ZK1}>CK_K>CK_S>T_{ZC}$。

第六节　不同类型毛竹林生态功能综合评价

对各试验林分物种多样性、生物量、土壤理化性质、生物活性、水源涵养功能、土壤抗侵蚀性等主要生态功能优劣次序不尽相同。为此，现对6种试验林分的主要生态功能——物种多样性、生产力、土壤综合性质、水源涵养和林地土壤抗侵蚀性等进行综合定量评价，旨在选出生态功能最佳的竹林类型，为南方丘陵区竹林发展及竹林经营和水土流失防治提供理论依据。

一、评价指标体系及评价方法

根据研究林分的特点，将森林主要生态功能评价分为4个层次：总目标层、评价准则层、评价指标层和结构层。以生态功能最佳的毛竹林类型为总目标，以生物多样性、生物量、培肥林地、水源涵养及土壤抗侵蚀性能为准则，在此基础下选择多个指标对各试验林分主要生态功能进行评价。

(一) 评价指标体系建立的原则

由于不同森林生态功能之间相互影响、相互制约，使得同一指标对多种生态功能产生影响，为在众多指标中筛选出内涵丰富、反应灵敏、易于获取和量化的主导型指标，必须遵循以下原则：

(1) 代表性原则。所选用的各项指标既具有明显的差异性，又具有一定的普遍性，能够真实、直接地反映竹林不同生态功能。

(2) 独立性原则。同一层次的各项指标能各自说明被评价客体的某一方面特性，尽量避免相互重叠或相互包含现象。

(3) 可行性原则。一方面要求指标能反映客观实际，另一方面要求其可供实际评价计算，因而应是一个较为确定的量。

(4) 可操作性原则。指标应具有物质量或相对物质量的可测性和可比性，同时数据易于获取，计算方法易于掌握。

(5) 指标的选取应考虑到与现代信息处理相适应的组织格式，增加其可操作性和实用性。

(6) 建立的指标体系应具有整体性，能综合、全面地反映不同竹林主要生态功能的各个方面。此外，指标体系应根据评价对象和内容分出层次，并在此基础上将各项评价指标进行分类。这样可使指标体系结构清晰，便于应用。

(二) 评价指标体系

遵循以上原则，不同准则层选择选择不同的评价指标，建立不同竹林物种多样性、生产力、土壤综合性质、水源涵养、土壤抗侵蚀性等生态功能的评价指标体系(图 3-22)。

1. 物种多样性

主要选用常用的物种多样性指数——物种数 X_1、Margalef 丰富度 X_2、Simpson 指数 X_3、Shannon-Wiener 指数 X_4、Pielou 均匀度 X_5、生态优势度 X_6 和均优多度 X_7 共 7 个指标。

2. 生产力功能

生产力功能主要选用林分树高 X_8、胸径 X_9、地上生物量 X_{10}、地下生

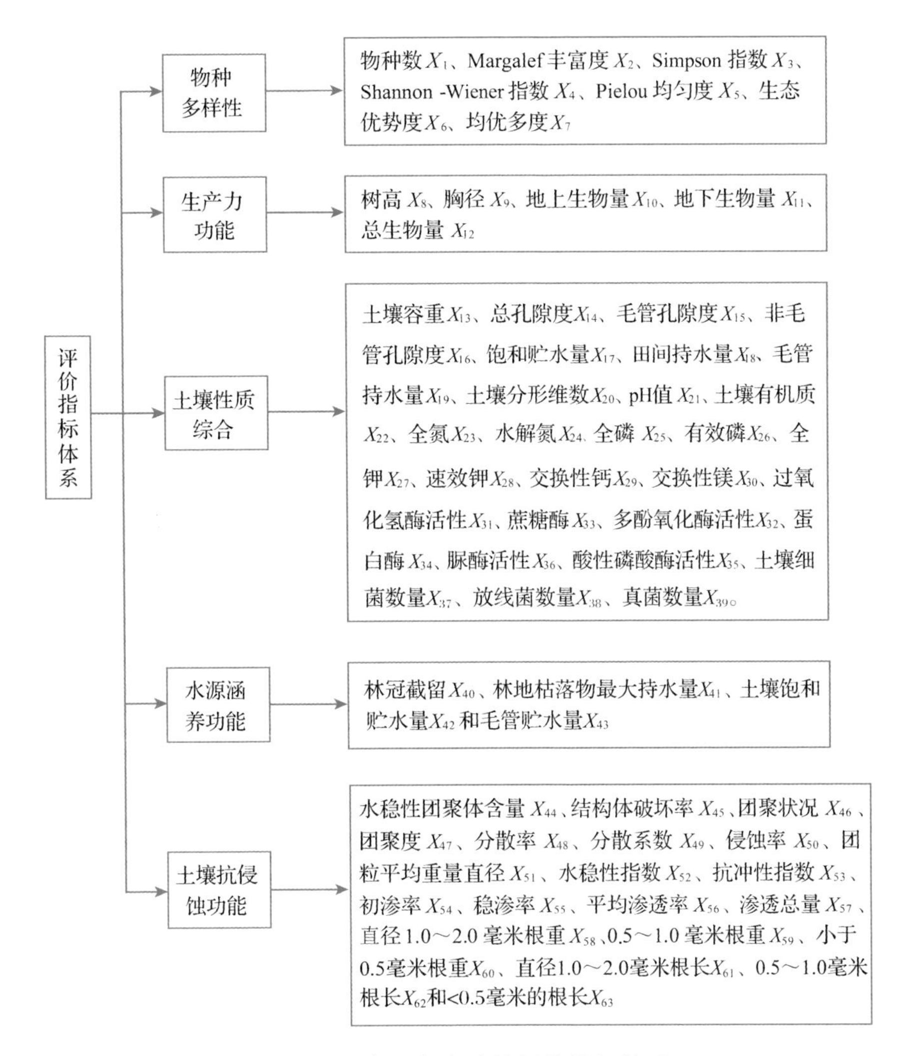

图 3-22 主要生态功能评价指标体系

物量 X_{11} 和总生物量 X_{12} 共 5 个指标。

3. **土壤综合性质**

主要包括土壤物理性质、化学性质、土壤生物活性指标 3 类 27 个指标。

(1)土壤物理性质(8 个)：土壤容重 X_{13}、总孔隙度 X_{14}、毛管孔隙度 X_{15}、非毛管孔隙度 X_{16}、饱和贮水量 X_{17}、田间持水量 X_{18}、毛管持水量 X_{19} 和土壤分形维数 X_{20}。

(2)土壤化学性质指标(10 个)：pH 值 X_{21}、土壤有机质 X_{22}、全氮 X_{23}、水解氮 X_{24}、全磷 X_{25}、有效磷 X_{26}、全钾 X_{27}、速效钾 X_{28}、交换性钙 X_{29} 和交换性镁 X_{30}。

(3)土壤生物活性指标(9个)：过氧化氢酶活性 X_{31}、多酚氧化酶活性 X_{32}、蔗糖酶 X_{33}、蛋白酶 X_{34}、酸性磷酸酶活性 X_{35}、脲酶活性 X_{36}、土壤细菌数量 X_{37}、放线菌数量 X_{38} 和真菌数量 X_{39}。

4. 水源涵养功能

主要包括林冠截留 X_{40}、林地枯落物最大持水量 X_{41}、土壤饱和贮水量 X_{42} 和毛管贮水量 X_{43} 共4个指标。

5. 土壤抗侵蚀功能

虽然土壤抗蚀性和抗冲性存在一定的区别，但它们都受土壤本身特性及林地生物因子的制约。经综合考虑后土壤抗侵蚀性指标主要有水稳性团聚体含量 X_{44}、结构体破坏率 X_{45}、团聚状况 X_{46}、团聚度 X_{47}、分散率 X_{48}、分散系数 X_{49}、侵蚀率 X_{50}、团粒平均重量直径 X_{51}、水稳性指数 X_{52}、抗冲性指数 X_{53}、初渗率 X_{54}、稳渗率 X_{55}、平均渗透率 X_{56}、渗透总量 X_{57}、直径1.0~2.0毫米根重 X_{58}、0.5~1.0毫米根重 X_{59}、小于0.5毫米根重 X_{60}、直径1.0~2.0毫米根长 X_{61}、0.5~1.0毫米根长 X_{62} 和小于0.5毫米的根长 X_{63} 共20个。

(三)方法及其结果

有关综合评价的方法较多，如加权综合指数法、加乘综合指数法、关联度分析法、层次分析法、神经网络分析法等等，本报告采用加权综合指数法对各林分主要生态功能进行综合定量评价。因土壤抗侵蚀性综合评价中已介绍了加权综合指数法的原理及方法，在此就不再重复介绍。

1. 原始数据处理

在评价计算过程中，有些评价指标尚无公认的评价标准可以依循，而且各指标之间的单位和量纲也不相同，所以应首先把各具体指标值转化为无量纲的标度。将原始数据采用相对系数法进行转换处理，使之无量纲化和排序一致化的过程称作数据的归一化处理。原始数据在论文中已有交待，现对各林分主要生态功能各指标进行归一化处理，各林分主要生态功能指标归一化数据详见表3-49，处理方法如下：

表 3-49　各林分主要生态功能指标的归一化数据

指标	CK_S	T_{ZS}	T_{ZC}	T_{ZK}	CK_K	指标	CK_S	T_{ZS}	T_{ZC}	T_{ZK}	CK_K
X_1	0.4103	0.3846	0.7564	1.0000	0.8269	X_{33}	0.7491	0.8860	0.8315	0.9118	1.0000
X_2	0.4225	0.4039	0.7269	1.0000	0.7971	X_{34}	0.8371	0.9208	0.9478	1.0000	0.9994
X_3	0.9421	0.9305	0.9887	0.9762	1.0000	X_{35}	0.4825	0.5713	0.7818	1.0000	0.8474
X_4	0.7262	0.6935	0.9158	0.8827	1.0000	X_{36}	0.5967	0.9161	0.9456	1.0000	0.9134
X_5	0.8486	0.9016	0.9328	0.8494	1.0000	X_{37}	0.7666	0.7325	0.6833	0.7933	1.0000
X_6	0.1681	0.0000	0.8392	0.6579	1.0000	X_{38}	0.2695	0.5360	0.6280	0.4775	1.0000
X_7	0.3880	0.3830	0.8409	0.9923	1.0000	X_{39}	0.5179	1.0000	0.5342	0.5114	0.4691
X_8	0.8126	0.4251	0.5063	0.5928	1.0000	X_{40}	0.9581	0.8988	0.8223	0.7966	1.0000
X_9	1.0000	0.4536	0.4186	0.4853	0.9272	X_{41}	1.0000	0.4216	0.3433	0.4851	0.4515
X_{10}	0.9331	0.4502	0.3345	0.3349	1.0000	X_{42}	0.8962	0.9333	0.9018	0.9777	1.0000
X_{11}	0.6692	0.4051	0.4053	0.3904	1.0000	X_{43}	0.8827	0.9809	0.9604	0.9492	1.0000
X_{12}	0.8775	0.4407	0.3495	0.3466	1.0000	X_{44}	0.8417	1.0000	0.8893	0.8580	0.8015
X_{13}	0.1264	0.2699	0.0000	1.0000	0.8633	X_{45}	0.0000	1.0000	0.3930	0.3572	0.0593
X_{14}	0.8962	0.9333	0.9019	0.9778	1.0000	X_{46}	0.7459	0.7688	0.6793	0.7882	1.0000
X_{15}	0.8827	0.9809	0.9604	0.9492	1.0000	X_{47}	0.7574	0.8433	0.6924	0.7955	1.0000
X_{16}	0.8456	0.5337	0.4450	1.0000	0.8584	X_{48}	0.6877	0.0000	0.5701	0.7997	1.0000
X_{17}	0.8146	0.8634	0.8102	1.0000	0.9989	X_{49}	0.0000	0.3769	0.0574	0.2773	1.0000
X_{18}	0.8287	0.9021	0.9038	1.0000	0.9535	X_{50}	0.7766	0.0000	0.8192	0.9527	1.0000
X_{19}	0.8029	0.9072	0.8632	0.9715	1.0000	X_{51}	0.9894	1.0000	0.8607	0.7710	0.7560
X_{20}	0.9844	1.0000	0.9784	0.9737	0.9497	X_{52}	0.6834	0.8203	0.7422	0.8024	1.0000
X_{21}	0.3319	0.3495	0.3229	0.3498	0.3386	X_{53}	0.7406	0.8133	0.8797	0.9912	1.0000
X_{22}	0.6947	0.6214	0.7353	0.8541	1.0000	X_{54}	1.0000	0.9217	0.2330	0.5718	0.5454
X_{23}	0.5341	0.3731	0.4846	0.8618	1.0000	X_{55}	0.8539	1.0000	0.2228	0.0000	0.3992
X_{24}	0.8696	0.7210	0.9097	0.8571	1.0000	X_{56}	0.8966	1.0000	0.2189	0.6133	0.4416
X_{25}	0.3329	0.4760	0.4711	0.5224	1.0000	X_{57}	0.9368	1.0000	0.2247	0.6135	0.4494
X_{26}	0.5404	0.5314	0.8438	0.5643	1.0000	X_{58}	0.2045	1.0000	0.8000	0.7303	0.3774
X_{27}	0.9598	0.7870	0.5886	0.8364	1.0000	X_{59}	0.1812	0.9906	1.0000	0.9065	0.3927
X_{28}	1.0000	0.3693	0.7415	0.5379	0.7880	X_{60}	0.0968	0.5722	1.0000	0.8361	0.2941
X_{29}	0.4853	0.3581	1.0000	0.6396	0.7884	X_{61}	0.2905	1.0000	0.8116	0.9060	0.3662
X_{30}	0.5312	0.3470	1.0000	0.8216	0.6597	X_{62}	0.2942	0.6879	0.9019	1.0000	0.3183
X_{31}	0.9580	0.9600	1.0000	0.9932	0.9560	X_{63}	0.1478	0.6985	0.9514	1.0000	0.3420
X_{32}	0.4085	0.6745	0.6861	1.0000	0.7748						

（1）对与相应的生态功能成正效应的指标，计算时以指标实测值与相应指标的最大值相比，以消除量纲的影响。

（2）对与准则层生态功能成负效应的指标，用以下公式进行处理：

$$C_{ij}=\frac{X_{j\max}-X_{ij}}{X_{j\max}-X_{j\min}} \tag{3-14}$$

式中：C_{ij}——各肥力因子的隶属度值；

X_{ij}——生态功能因子的实测值；

$X_{j\max}$ 和 $X_{j\min}$——第 j 项指标中的最大值和最小值。

（3）对土壤 pH 值，用下列方法进行处理：

$$C_{i21}=\frac{|X_{i21}-7.00|}{7.00} \tag{3-15}$$

式中：C_{i21}——第 i 样地 pH 值实测值归一化处理后的相对值；

X_{i21}——第 i 样地 pH 值实测值的平均值；

7.00——中性 pH 值。

2. 权重的确定

目前权重确定的方法有：专家评估法（德尔菲法）、频数统计分析法、等效益替代法、指标值法、主分量分析法、因子分析法、相对系数法和层次分析法等。为避免人为影响，本报告运用 SPSS 软件对各林分主要生态功能指标体系进行因子分析，以计算公因子方差确定权重系数。因子分析结果表明，前 4 个公因子对于总方差的累积贡献率达 91.98%，再经公因子旋转得公因子载荷矩阵，通过计算得主要生态功能指标的权重，主要生态功能指标的权重值详见表 3-50。

二、不同类型毛竹林主要生态功能综合指数

不同类型毛竹林主要生态功能综合指数见图 3-23，表 3-50。

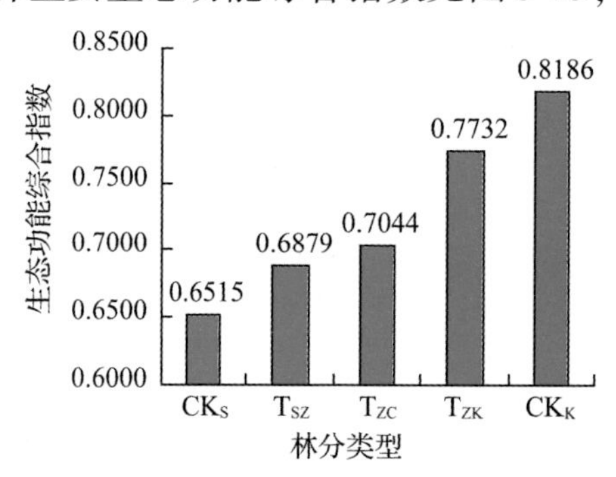

图 3-23 不同林分主要生态功能综合指数

表 3-50 主要生态功能指标因子分析及其权重

因子	公因子			公因子方差	权重	因子	公因子			公因子方差	权重
	F_1	F_2	F_3				F_1	F_2	F_3		
X_1	0.5071	0.2505	−0.7663	0.9071	0.0159	X_{34}	0.7686	0.3282	−0.5473	0.9980	0.0175
X_2	0.4866	0.2376	−0.7535	0.8610	0.0151	X_{35}	0.5823	0.3505	−0.6737	0.9158	0.0161
X_3	0.4213	−0.0540	−0.8878	0.9686	0.0170	X_{36}	0.5894	0.7442	−0.3075	0.9958	0.0175
X_4	0.4942	−0.0459	−0.8458	0.9617	0.0169	X_{37}	0.8287	−0.5475	−0.1089	0.9984	0.0175
X_5	0.5841	−0.2104	−0.2685	0.4575	0.0080	X_{38}	0.7470	−0.1004	−0.3327	0.6788	0.0119
X_6	0.4243	−0.0451	−0.8900	0.9742	0.0171	X_{39}	0.0248	0.4693	0.8457	0.9361	0.0164
X_7	0.5744	0.1386	−0.8010	0.9907	0.0174	X_{40}	0.4361	−0.7130	0.3885	0.8495	0.0149
X_8	0.3929	−0.8719	−0.2921	0.9999	0.0176	X_{41}	−0.5101	−0.7105	0.2496	0.8273	0.0145
X_9	−0.0010	−0.9943	0.0905	0.9968	0.0175	X_{42}	0.9745	0.0976	−0.1809	0.9919	0.0174
X_{10}	0.1616	−0.9738	0.0960	0.9836	0.0173	X_{43}	0.7885	0.3558	−0.0535	0.7512	0.0132
X_{11}	0.4334	−0.8519	−0.1481	0.9355	0.0164	X_{44}	−0.2344	0.7025	0.6359	0.9528	0.0167
X_{12}	0.1689	−0.9749	0.0669	0.9834	0.0173	X_{45}	0.0816	0.7736	0.5924	0.9561	0.0168
X_{13}	0.8373	−0.0572	−0.1954	0.7425	0.0130	X_{46}	0.8777	−0.4676	−0.0248	0.9896	0.0174
X_{14}	0.9541	−0.1234	−0.0553	0.9286	0.0163	X_{47}	0.8988	−0.3942	0.1659	0.9908	0.0174
X_{15}	0.7417	0.3081	−0.5766	0.9775	0.0172	X_{48}	0.2736	−0.5482	−0.7409	0.9243	0.0162
X_{16}	0.3891	−0.4609	−0.0999	0.3738	0.0066	X_{49}	0.9219	−0.2821	−0.0160	0.9297	0.0163
X_{17}	0.8937	−0.0437	−0.2126	0.8458	0.0149	X_{50}	0.1161	−0.4042	−0.8586	0.9141	0.0160
X_{18}	0.7657	0.0931	−0.3745	0.7352	0.0129	X_{51}	−0.6902	0.1332	0.7093	0.9972	0.0175

（续）

因子	公因子			公因子方差	权重	因子	公因子			公因子方差	权重
	F_1	F_2	F_3				F_1	F_2	F_3		
X_{19}	0.9648	0.1525	−0.1922	0.9910	0.0174	X_{52}	0.9433	−0.1882	−0.0454	0.9273	0.0163
X_{20}	0.6452	0.6345	0.0909	0.8271	0.0145	X_{53}	0.7915	0.1781	−0.5698	0.9829	0.0173
X_{21}	0.3333	0.4315	0.6024	0.6602	0.0116	X_{54}	−0.1275	−0.3915	0.8576	0.9050	0.0159
X_{22}	0.7097	−0.3797	−0.5919	0.9982	0.0175	X_{55}	−0.2583	−0.3022	0.8679	0.9113	0.0160
X_{23}	0.7280	−0.3537	−0.4969	0.9020	0.0158	X_{56}	−0.1282	−0.1266	0.9239	0.8861	0.0156
X_{24}	0.0902	−0.7594	−0.6244	0.9747	0.0171	X_{57}	−0.0933	−0.1409	0.9289	0.8914	0.0157
X_{25}	0.8672	−0.2609	−0.2861	0.9020	0.0158	X_{58}	0.1123	0.9510	0.2235	0.9670	0.0170
X_{26}	0.3795	−0.2123	−0.6473	0.6081	0.0107	X_{59}	0.0777	0.9899	−0.0229	0.9865	0.0173
X_{27}	0.4187	−0.7772	0.1350	0.7976	0.0140	X_{60}	−0.0409	0.9051	−0.4167	0.9945	0.0175
X_{28}	−0.4406	−0.7829	−0.4357	0.9969	0.0175	X_{61}	0.0904	0.9701	0.2214	0.9983	0.0175
X_{29}	0.0490	0.0502	−0.9185	0.8486	0.0149	X_{62}	−0.0500	0.9365	−0.2591	0.9467	0.0166
X_{30}	−0.1100	0.2967	−0.9471	0.9971	0.0175	X_{63}	0.0683	0.9419	−0.3095	0.9876	0.0173
X_{31}	−0.2871	0.9203	−0.2058	0.9717	0.0171	特征值	20.4201	19.1571	17.3757		
X_{32}	0.6782	0.5328	−0.3698	0.8806	0.0155	累计贡献	0.3241	0.6282	0.9040		
X_{33}	0.9885	−0.0154	−0.1150	0.9906	0.0174						

利用加权综合指数法的计算公式，将各林分归一化数据与相应权重相乘，再根据乘加法原理，即可得各林分主要生态功能综合指数。通过计算，各林分主要生态功能综合指数大小详见表3-51。森林生态功能随阔叶树混交比例的增加而增大，混交林生态功能强于相应纯林的生态功能；虽然8竹2阔林物种多样性、生产力、林地土壤综合性质、水源涵养和土壤抗侵蚀性等主要生态功能综合指数(0.7846)较常绿阔叶林(0.8318)低，但在竹林中最高。6竹4阔林主要生态功能综合指数(0.7598)仅次于8竹2阔林，随后为毛竹纯林和杉竹混交林；所有毛竹林(毛竹纯林、竹阔混交林和杉竹混交林)主要生态功能综合指数均高于杉木纯林。因此，在南方丘陵区发展毛竹林种植时应尽量营造毛竹混交林，在改造毛竹林时，可适当增加阔叶树或针叶树比例。

三、小 结

各试验林分物种多样性、生产力、土壤性质、水源涵养及土壤抗侵蚀性等主要生态功能综合评价表明，所有毛竹林，不管毛竹纯林，还是毛竹混交林，它们的主要生态功能综合指数均高于杉木纯林。虽然8竹2阔林(T_{ZK1})的主要生态功能综合指数(0.7846)低于常绿阔叶林(0.8318)，但较南方速生丰产的杉木林高，尤其是在毛竹林中最佳。因此，在南方丘陵区毛竹造林规划、毛竹林抚育、改造时，可适当增加阔叶树比例，这不仅可增强其生态服务功能，还起到治理南方丘陵区水土流失的效果，达到利用本地丰富的竹资源发展经济的同时实现对本区生态环境的有效治理。

第七节 近15年毛竹林碳汇功能变化动态

结合遥感数据(数据源：2000—2014年250米分辨率的MODIS植被指数产品)和野外实地调查(毛竹林样地调查和收获式生物量实测)，建立了福建省单株水平毛竹生物量的异速生长模型以及基于叶面积指数的生物量密度异速生长模型，以毛竹生物量和植被指数(EVI)为主要指标，估算了福建省近15年毛竹林地上生物量及其碳储量。

一、近15年福建省毛竹林地上生物量变化动态

将利用LAI—地上生物量密度异速生长模型推算的闽北黄坑镇毛竹林

地上生物量密度导入 ArcGIS 10.0 软件中制作成点状矢量图，在 GS+ 9.0 (GeoStatistics for the Environmental Sciences)软件中对生物量密度数据预处理，计算地统计分析中变异函数的参数(块金、基台、变程等)，GS+软件中常用模型有线性、球形、指数和高斯模型优化半变异函数模型(表 3-51)，我们在 ArcGIS 中选用指数模型作为变异函数模型。再将估算的毛竹林生物量数据重采样到 250 米 。

表 3-51　半变异函数 4 种模型的参数

名称	块金	基台	变程	残差	块金比	决定系数 R^2
线性	193.47	292.91	0.0948	3927	0.661	0.694
球形	23.10	254.60	0.0130	6533	0.091	0.491
指数	159.10	318.30	0.0600	3441	0.500	0.755
高斯	43.90	254.40	0.0104	6511	0.173	0.492

鉴于毛竹林具有大小年的生长周期特点，再加上单年极端气候对植被指数的影响，设定 2 年为一期，即 2001—2002 年为第 1 期，2003—2004 年为第 2 期，其他依此类推，14 年(2001—2014 年）共分为 7 个时期。在 ArcGIS 10.0 软件的地统计分析模块中利用获得的变异函数参数对毛竹林地上生物量密度点状矢量图进行 Kriging 插值，估算生物量和碳储量并结合毛竹林分布矢量图绘制有关图。

假设每个调查样方都处于影像像元的中间位置，可将实测样地的地上生物量密度视为样地所在影像像元的地上生物量密度。在 ArcGIS 10.0 软件中计算 2001 年至 2014 年 7 期 EVI 的平均值、最小值和最大值，并分别与基于叶面积生成的地上部分生物量栅格数据进行拟合，经过多模型的拟合选优后，选用幂函数以 EVI 平均值建立地上部分生物量密度反演模型。福建省毛竹林分布来源于森林资源清查毛竹林分布矢量数据，在 ArcGIS 10.0 软件中掩膜提取 2001 年至 2014 年的 MODIS-EVI 影像数据以得出 2001—2014 年的福建省毛竹林分布区 MODIS-EVI 影像数据。利用该模型反演 7 个时期福建省的毛竹林地上部分生物量。

发现福建省毛竹林地上生物量碳密度在 2000—2014 年呈现前期下降，后期上升，总体保持上升的趋势(图 3-24)。分析其原因，受气候变化和人为因素等多重影响。

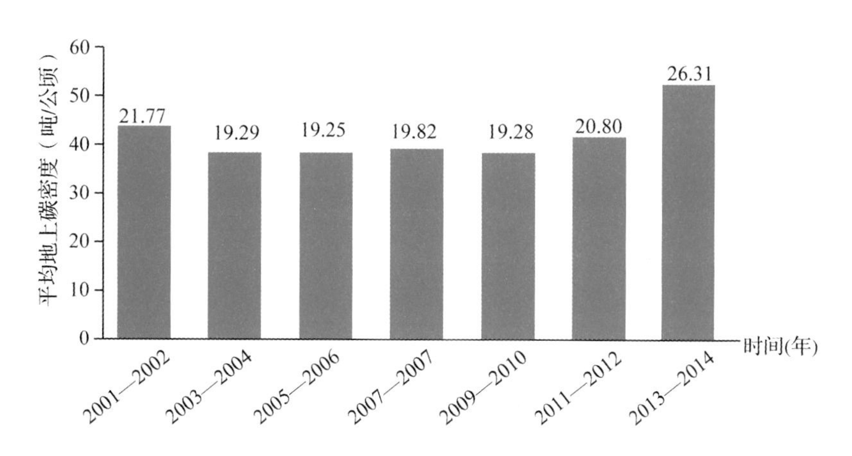

图 3-24 福建省毛竹林 2001—2014 年平均地上碳密度变化

自 2001 年到 2008 年毛竹碳密度呈先下降后小幅回升现象。福建省毛竹林主要分布于西北部地区，武夷山山脉对北方冷空气南下和东南海洋性暖流北上的阻隔使得闽西北成为中国毛竹最适宜区，水热资源充沛。因此该地区异常气候的出现会对毛竹林的正常生长产生极大影响，如 2003 年夏季至 2004 年春季期间福建省持续高温少雨，正值毛竹发笋期，旱情对毛竹林的造成了严重损害，导致 2003—2004 年、2005—2006 年毛竹林碳密度的降低。此外，在 2003—2004 年，福建省主要毛竹林分布区开始竹山道路的建设，竹山道路的开通使得交通不便、偏僻地区的毛竹林由原来的粗放式经营向集约式经营转变，也伴随着大量毛竹林的采伐更新，导致毛竹林地上碳密度出现降低趋势。同时，福建省毛竹林所有权主体多样，集体所有毛竹林和个人承包毛竹林无序分布，导致经营管理较为粗放，难以集约经营，再加上资金和技术投入不足，许多地区毛竹林生物量较低。

2009 年至 2010 年的下降趋势可能与 2008 年的雨雪冰冻灾害有关。2010 年发布的福建省林地保护利用规划(2010—2020 年)的实施也有效提高了福建省毛竹林碳储量。自 2011 年开始，毛竹林碳密度呈快速上升趋势，冰雪灾害前的 19. 82 吨/公顷上升到 2013—2014 年的 26. 31 吨/公顷，上升幅度近 33%。

综合来看，福建省毛竹林地上碳储量从 2001 年的 20. 35 百万吨上升到 2014 年的 26. 39 百万吨，增加了 29. 68%，地上生物量碳汇功能显著提升。

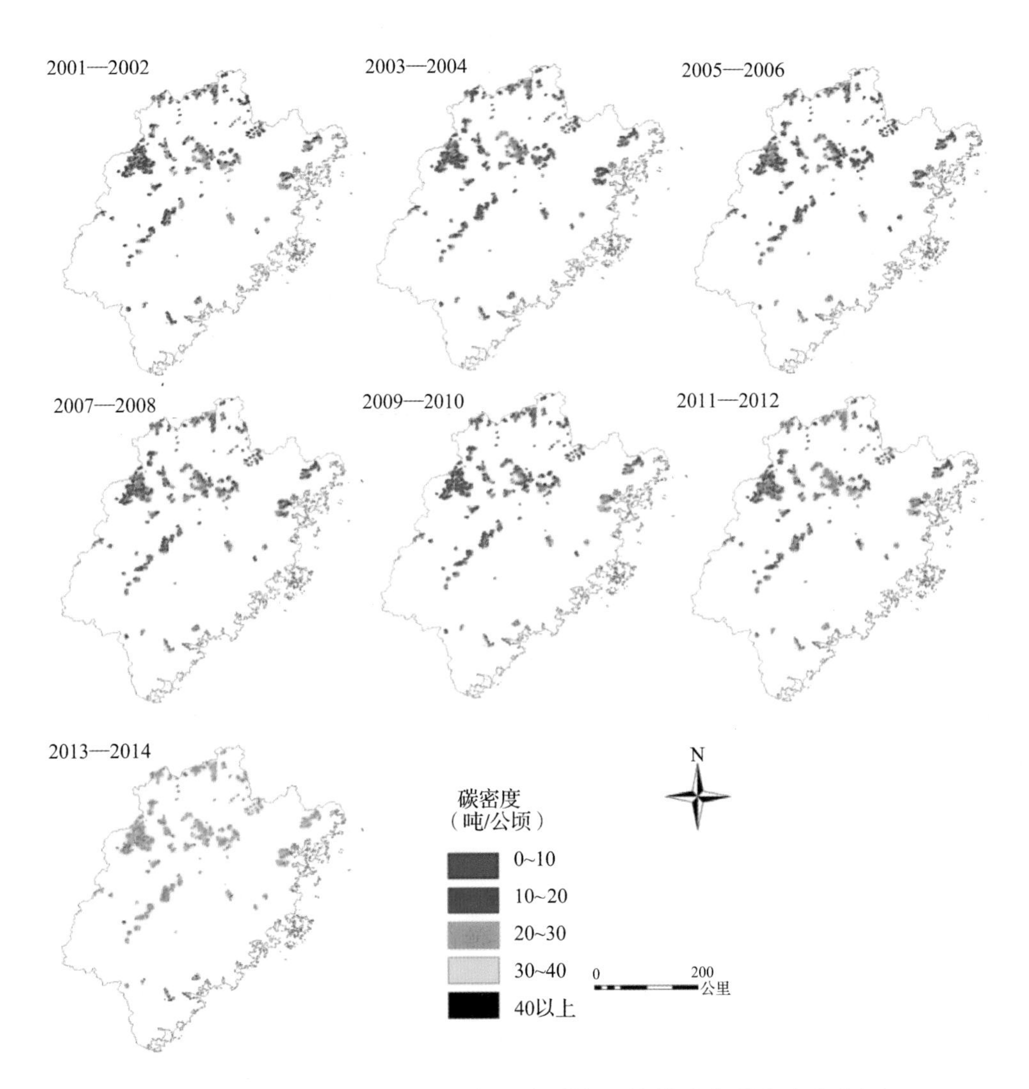

图 3-25　福建省 2000—2014 年 7 个时期毛竹林地上碳密度分布图

二、近 15 年毛竹林固碳增汇量的估算

毛竹林生态系统的固碳增汇主要由毛竹活立竹、当年择伐量、竹笋和土壤组成，我们继续估算了毛竹当年择伐量、竹笋和土壤的固碳增汇量。

毛竹林择伐遵循“存三去四不留七”原则，每次伐除毛竹的生物量可近似认为现存生物量的 1/3。对福建省各区择伐量调查发现，福建省每 2 年 1 次的毛竹择伐量确实近似于现存地上生物量的 1/3，因此，每年择伐竹的生物量采用林分地上部分生物量的 1/6 近似估算。为估算毛竹林每年收获竹笋的生物量（吨/公顷），在设立的生物量测定样地中选取竹农产权明确的样地，通过连续的挖笋记录结合发放的竹笋产量调查问卷，估算不同时期收获竹笋的生物量。

研究期内竹林土壤碳储量的变化，利用实测获得的0~60厘米土层土壤碳储量密度(SOCD，吨/公顷)与其对应的MODIS-EVI数据，建立土壤碳储量密度估算模型($SOCD = 39.36 \times EVI_m - 0.61$，$R^2 = 0.74$，$P < 0.001$)。

毛竹林固碳增汇量采用差值法(即研究期末与期始二者碳储量的差值)进行估算。量化福建省竹林固碳增汇价值时，我们采取碳价格中位数14元/吨，折合人民币约88.62元/吨。利用建立的反演模型、生物量碳储量转换系数和固碳价值量(88.62元/吨)核算出每连续两个时期林分地上活立竹、择伐竹、已收获竹笋、土壤和竹林系统的固碳增汇生态服务功能价值。

表3-52　2000—2014年福建省毛竹林固碳增汇价值差异

元/公顷

时间＼组分	活立竹	择伐竹	已收获竹笋	土壤	生态系统
2000—2004	-220.22	284.47	49.63	-62.16	153.31
2000—2006	-223.76	568.94	105.15	-63.22	591.98
2000—2008	-173.25	861.39	161.91	-48.47	1109.52
2000—2010	-221.1	1145.86	216.19	-62.16	1525.15
2000—2012	-85.95	1453.37	282.88	-24.24	2190.69
2000—2014	402.35	1842.41	338.71	108.5	3339.21

福建省毛竹林生态系统内不同组分的固碳价值具有较大的差异性，如活立竹和土壤组分随时间变化波动较大，而择伐竹和已收获竹笋的固碳增

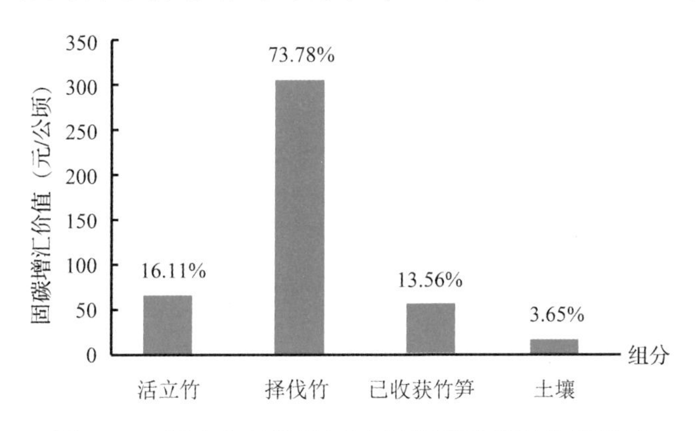

图3-26　福建省毛竹林不同组分固碳增汇价值贡献

汇价值比较稳定。从竹林不同组分固碳增汇的贡献比来看，研究期内择伐竹固碳增汇价值平均贡献比最大（73. 78%），其次是地上活立竹（16. 11%），土壤固碳增汇价值贡献最小。值得注意的是福建省 2010 年发布了林地保护利用规划（2010—2020 年）后，自 2011 年开始，毛竹林碳密度呈快速上升趋势也促使活立竹部分的固碳增汇价值大幅增加。

2001—2014 年，福建省毛竹林固碳功能价值在波动中呈上升趋势。研究期内，毛竹林固碳增汇价值以每期每公顷 157. 69 元的速率增加，相当于每年每公顷平均增加 78. 85 元。从 7 期的时间序列变化来看，固碳增汇价值表现为缓慢增加—小幅回落—快速增加。

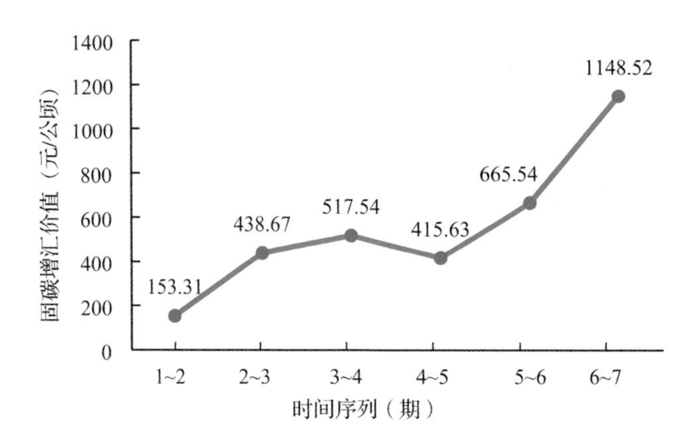

图 3-27　福建省毛竹林每连续 2 个时期固碳增汇价值的变化

综合来看，2001—2014 年福建省毛竹林是一个不断增加的碳汇，每年每公顷固碳增汇价值平均增加 78. 85 元，其中，择伐竹的贡献最大，为充分发挥竹林固碳增汇效益，择伐在毛竹林经营过程中是不可或缺的经营管理措施。

福建省毛竹林所有权主体多样，集体所有和个人承包毛竹林无序分布，毛竹林固碳增汇价值空间变异程度大，而且竹林较其他类型森林受人为经营干扰强度较大，固碳增汇价值的空间变异与经营程度有密切关系。因此，继续贯彻适宜的林地政策，加大竹林的保护与利用，提高林地管理水平，是维持和加强福建省乃至中国竹林碳汇的必要手段。

第四章 毛竹林生态建设对策与建议

毛竹是我国分布最广、面积最大、经济价值最高的竹种。竹林不仅具有较高的经济和社会价值，而且在涵养水源、保持水土等方面具有重要的生态功能。闽北山区是我国毛竹主要分布和种植区，也是南方典型的丘陵区。由于竹林集约经营强度大，加之该区的山坡度大、降雨量及降雨强度大且集中，由此引发的水土流失、地力维持等的生态问题突出。因此，如何在大规模高效培育和利用毛竹林资源的同时，提高竹林生态系统服务功能成为目前亟待解决的重大科学问题。本报告以闽北杉木林(CK_S)和常绿阔叶林(CK_K)为对照，以闽北山区主要毛竹林类型——毛竹纯林(T_{ZC})、竹阔混交比为 8∶2 和 6∶4 的 8 竹 2 阔林(T_{ZK1})、6 竹 4 阔林(T_{ZK2})和杉竹混交比为 8∶2 的杉竹混交林(T_{ZS})为研究对象，分析评价 6 种群落结构特征及主要生态功能——群落结构、生物多样性、土壤性质、水源涵养和土壤抗侵蚀功能，旨在比较不同类型毛竹林生态功能差异，揭示毛竹林土壤抗侵蚀性机理，为南方丘陵区发展毛竹种植、水土流失防治及竹林可持续经营提供理论依据和技术指导，同时为我国竹林生态功能野外观测积累经验。主要研究结论如下：

(1)对闽北 6 种不同林分群落结构研究表明，6 种群落植物隶属 86 科 166 属 231 种，其中科以单种科和寡种科为主，占总科数的 80.40%；属内种数变化范围为 1~7，其中单种属最多，占总属数的 78.31%。由于竹林集约经营强度大，致使其灌木层优势种不明显。β 分布对于拟合群落乔木层胸径、树高和年龄分布适用性最广，这应与竹林集约经营相关。

(2)对 6 种林分物种多样性和生物量研究表明，群落物种数及生物多样性指数呈现随着群落阔叶树比例的增加而增大的态势，具体为：乔木层物种以常绿阔叶林最丰富，其多样性指数最高，物种分布最均匀，均优多度最高；灌木层以 8 竹 2 阔林物种丰富度、多样性和均优多度最高，常绿阔叶林 Pielou 均匀度最高，杉竹混交林和杉木林生态优势度最高；草本层物种丰富度和均优多度以 6 竹 4 阔林最高，多样性和均匀度以常绿阔叶林最高，生态优势度以杉木林最高。群落总体物种丰富度以 8 竹 2 阔林最高，多样性和均匀度以常绿阔叶林最高，均优多度以 6 竹 4 阔林最高，生态优势度以杉竹混交林最高。乔木层生物量以常绿阔叶林最高，以 8 竹 2 阔林最低；灌木层生物量以常绿阔叶林最高，以杉竹混交林最小；草本层以毛竹纯林最高，杉木纯林最低，林分不同层次生物量除与林分组成、结构相关外，还应与挖笋、劈灌、毛竹采伐、利用方式等集约经营相关。相关分析表明，林分生物量与其物种多样性指数相关性不显著。

（3）采用多指标、多分析方法研究不同林分林地土壤性质结果表明，林地土壤综合性质呈现随群落阔叶树比例增加而增加的态势，这应与阔叶树年枯落物年凋落量大、枯落物营养丰富且分解迅速，而针叶树虽枯落物年凋落量大，但枯落物养分贫乏且分解缓慢有关。具体为，林地土壤物理性质健康状况以常绿阔叶林最佳，8 竹 2 阔林次之，杉木林最差。常绿阔叶林土壤养分状况最佳，其土壤有机质、全 N、水解 N、全 P、有效 P、全 K 含量最高，而林分杉竹混交林土壤 pH 值、有机质、全 N、有效 P、速效 K、交换性 Ca 和交换性 Mg 含量最低。土壤酶活性状况以 8 竹 2 阔林最佳，其过氧化氢酶、蛋白酶、脲酶和酸性磷酸酶活性最高，杉木林土壤酶活性最差，其所有酶活性均最小。土壤细菌数量最多，占土壤微生物总数的 96.20%以上，其次为放线菌数量，真菌数量最少，平均约占总微生物总量的 0.02%。聚类分析和土壤性质状况综合评价得各林分土壤性质状况优劣次序依次为：常绿阔叶林>8 竹 2 阔林>毛竹纯林>6 竹 4 阔林>杉竹混交林>杉木林。

（4）对试验林分水源涵养功能研究发现，各林分水源涵养功能呈现有规律的变化，即随杉木比例的增加而增强，随阔叶树比例的减少而减弱。具体为，年林冠截留量和截留率均以常绿阔叶林最高，分别为 408 毫米和 18.09%，杉木林次之，分别为 391.19 毫米和 17.33%，竹林以杉竹混交林最高，分别为 366.95 和 16.26%，8 竹 2 阔林最低，分别为 325 毫米和 14.41%。通过曲线拟合分析，建立了林冠截留量和林冠截留率分别与大气降雨、林内降雨的曲线模型；不同林地不同分解状态的枯落物储量及枯落物总储量差异较大，这主要与林分树种组成、枯落物分解特性和利用方式有关，其中未分解层、半分解层和已分解枯落物均以杉木纯林最高，毛竹纯林最低；林地枯落物总储量以杉木林最高，常绿阔叶林次之，毛竹纯林最低。枯落物持水实验得出枯落物持水量和吸水速率不仅与枯落物状态相关，还与浸水时间相关，并建立了枯落物持水量、吸水速率独自与浸水时间的回归模型；土壤贮水量随土层增加而减小，土壤最大贮水量以常绿阔叶林最高，三层平均贮水量为 1125.67 毫米，8 竹 2 阔林次之，为 1100.60 毫米，杉木林最低，为 1008 毫米；林分水源涵养总量以常绿阔叶林最高，为 747.20 毫米，杉木纯林次之，为 696.53 毫米，毛竹纯林最低，为 641.17 毫米。

(5)土壤抗侵蚀性研究表明，土壤有机质、水稳性指数、结构系数、入渗速率(初渗速率、稳渗速率、平均速率和渗透总量)、根重、根长和抗冲性指数随土层增加而降低，而结构体破坏率团聚度、分散率和分散系数等随土层增加而增加，表明林地土壤抗侵蚀性能随土层增加而减弱。土壤抗侵蚀性指标在各林分间呈现有规律的变化，即与土壤抗侵蚀性功能正效应的指标呈现随林分阔叶树比例增加而增大的态势，而与土壤抗侵蚀性能负效应的指标则随林分阔叶树比例增加而呈现减小的趋势。结合土壤性质相关分析，因子分析和主分量分析后可得，土壤水稳性指数、抗冲性指数、土壤有机质含量与众多土壤理化性质、生物活性、土壤抗侵蚀性其他指标之间存在极显著或显著的相关关系，在土壤抗侵蚀性第一主分量中有较大的因子负荷，可作为表征林地土壤抗侵蚀性能的综合参数。各林分土壤抗侵蚀性综合指数大小次序依次为：杉竹混交林>6 竹 4 阔林>8 竹 2 阔林>常绿阔叶林>杉木纯林>毛竹纯林，林地土壤抗侵蚀性能优劣次序是林分林地土壤特性、林分生物因子和森林经营等共同作用的结果。

(6)综合定量评价可得，各林分主要生态功能(物种多样性、生产力功能、土壤性质、水源涵养和土壤抗侵蚀性功能)综合指数大小依次为：常绿阔叶林>8 竹 2 阔林>6 竹 4 阔林>毛竹纯林>杉竹混交林>杉木林，这是各林分林分组成、结构、森林经营和利用方式及水平等因素共同作用的结果，同时也说明林分生态功能随林分阔叶树比例增大而增强，随针叶树增加而降低。因此，在南方丘陵区发展毛竹种植时，可适当增加竹林中阔叶树比例或在杉木林中间种毛竹，提高林分整体生态服务功能，既发展了竹林种植，又实现了南方丘陵区水土流失防治。

(7)竹林碳汇功能维持和增加依赖于有效的保护和合理的采伐利用相结合的手段实现。

参考文献

白静，田有亮，郭连生，2008. 油松人工林地上生物量，叶面积指数与林分密度关系的研究[J]. 干旱区资源与环境，22：183-187.

曹慧，孙辉，杨浩，孙波，2003. 土壤酶活性及其对土壤质量的指示研究进展[J]. 应用与环境生物学报，9(01)：105-109.

岑庆雅，暨淑仪，1999. 广东肇庆石灰岩植物区系的基本特征[J]. 广西植物，19(02)：124-130.

陈恩凤，关连珠，汪景宽，等，2001. 土壤特征微团聚体的组成比例与肥力评价[J]. 土壤学报，38 (1)：49-53.

陈恩凤，周礼恺，武冠云，等，1991. 土壤的自动调节性能与抗逆性能[J]. 土壤学报，28(02)：168-176.

陈恩凤，周礼恺，武冠云，1994. 微团聚体的保肥性能及其组成比例在评断土壤肥力水平中的意义[J]. 土壤学报，31(01)：18-28.

陈灵芝，马克平，2001. 生物多样性科学：原理与实践[M]. 上海：上海科学技术出版社.

程栋梁，2007. 植物生物量分配模式与生长速率的相关规律研究[D]. 兰州：兰州大学博士学位论文.

程金花，张洪江，史玉虎，等，2003. 三峡库区几种林下枯落物的水文作用[J]. 北京林业大学学报，25(02)：8-13.

代海军，何怀江，赵秀海，等，2013. 阔叶红松林两种主要树种的生物量分配格局及异速生长模型[J]. 应用与环境生物学报，19：718-722.

代全厚，张力，刘艳军，等，1998. 嫩江大堤植物根系固土护堤功能研究[J]. 水土保持通报，18(06)：8-11.

丁军，王兆骞，陈欣，等，2003. 南方红壤丘陵区人工林地水文效应研究[J]. 水土保持学报，17(01)：141-144.

董琼，李乡旺，樊国盛，2006. 大中山自然保护区种子植物区系研究[J]. 广西植物，26(05)：541-545.

方秀琴，张万昌，2003. 叶面积指数(LAI)的遥感定量方法综述[J]. 国土资源遥感.

方学敏，万兆惠，徐永年，1997. 土壤抗蚀性研究现状综述[J]. 泥沙研究 (02)：87-91.

冯宗炜，王效科，吴刚，1999. 中国森林生态系统的生物量和生产力[M]. 北京：科学出版社.

高维森，1991. 土壤抗蚀性指标及其适用性初步研究[J]. 水土保持学报 (2)：60-65.

高维森，王佑民，1992. 土壤抗蚀抗冲性研究综述[J]. 水土保持通报，12(05)：

59-63.
龚伟, 胡庭兴, 王景燕, 等, 2006. 川南天然常绿阔叶林人工更新后枯落物层持水特性研究[J]. 水土保持学报, 20(03): 51-55
龚伟, 胡庭兴, 王景燕, 等, 2007. 川南天然常绿阔叶林人工更新后土壤微团聚体分形特征研究[J]. 土壤学报, 44(03): 571-575
关松荫, 张德生, 张志明, 1986. 土壤酶及其研究法[M]. 北京: 农业出版社.
郭志华, 向洪波, 刘世荣, 等, 2010. 落叶收集法测定叶面积指数的快速取样方法[J]. 生态学报: 1200-1209.
韩冰, 吴钦孝, 李秧秧, 等, 2004. 黄土丘陵区人工油松林地土壤入渗特征的研究[J]. 防护林科技, 62(5): 1-3, 49.
韩玉萍, 李雪梅, 刘玉成, 1999. 缙云山森林群落次生演替序列的垂直结构与物种多样性的关系[J]. 西南农业大学学报, 21(04): 91-96.
郝建朝, 吴沿友孙, 连宾, 等, 2006. 土壤多酚氧化酶性质研究及意义[J]. 土壤通报, 37(03): 470-474.
贺金生, 江明喜, 1998. 长江三峡地区退化生态系统植物群落物种多样性特征[J]. 生态学报, 18(04): 399-407.
胡建忠, 1999. 黄土高原沟壑区人工沙棘林地土壤抗蚀性研究[J]. 沙棘, 12(01): 14-20.
黄承标, 文受春, 1993. 里骆林区常绿阔叶林和人工杉木林气候水文效应[J]. 生态学杂志, 12(03): 1-7.
江泽慧, 2002. 世界竹藤[M]. 沈阳: 辽宁科学技术出版社.
江泽慧, 2005. 以科学发展观为指导　加快中国竹产业发展进程[J]. 绿色中国, 12: 5-8.
蒋志刚, 1997. 保护生物学[M]. 杭州科学技术出版社.
解文艳, 樊贵盛, 2004. 土壤质地对土壤入渗能力的影响[J]. 太原理工大学学报, 35(05): 537-540.
雷相东, 唐守正, 2002. 林分结构多样性指标研究综述[J]. 林业科学, 38(03): 140-146.
李慧蓉, 2004. 生物多样性和生态系统功能研究综述[J]. 生态学杂志, 23(03): 109-114.
李文革, 刘志坚, 谭周进, 等, 2006. 土壤酶功能的研究进展[J]. 湖南农业科学(06): 34-36.
李雪转, 樊贵盛, 2006. 土壤有机质含量对土壤入渗能力及参数影响的试验研究[J]. 农业工程学报, 22(03): 188-190.
李勇, 1989. 试论土壤酶活性与土壤肥力[J]. 土壤通报, (04): 190-192.
刘秉正, 1987. 人工刺槐林改良土壤的初步研究[J]. 西北林学院学报, 2(01): 83-93.
刘道平, 陈三雄, 张金池, 等, 2007. 浙江安吉主要林地类型土壤渗透性[J]. 应用生态学报，18(03)：493-498.
刘金福，洪伟，2001. 不同起源格氏栲林地的土壤分形特征[J]. 山地学报，19(06)：565-570.
刘凯昌，曾天勋，1990. 杉木、火力楠混交幼林养分位移和循环的研究[J]. 林业科学研究，6(03)：618-613.
刘世荣，温远光，王兵，等，1996. 中国森林生态系统水文生态功能规律[J]. 北京：中国林业出版社，3-710.
刘霞，王丽，张光灿，等，2005. 鲁中石质山地不同林分类型土壤结构特征[J]. 水土保持学报，19(06)：49-52.
刘孝义，依艳丽，1998. 土壤物理学基础及其研究方法[M]. 沈阳：东北大学出版社.
卢喜平，史东梅，蒋光毅，等，2004. 两种果草模式根系提高土壤抗蚀性的研究[J]. 水土保持学报，18(05)：64-67，124.
马克平，1993. 试论生物多样性的概念[J]. 生物多样性，1(01)：20-22.
马克平，钱迎倩，1998. 生物多样性保护及其研究进展(综述)[J]. 应用与环境生物学报，4(01)：95-99.
毛瑢，孟广涛，周跃，2006. 植物根系对土壤侵蚀控制机理的研究[J]. 水土保持研究，13(02)：241-243.
漆良华，张旭东，周金星，等，2007. 湘西北小流域典型植被恢复群落土壤贮水量与入渗特性[J]. 林业科学，43(03)：1-7.
阮伏水，吴雄海，1996. 关于土壤可蚀性指标的讨论[J]. 水土保持通报（06)：68-72.
尚玉昌，2002. 普通生态学[M]. 北京：北京大学出版社.
沈国舫，1998. 现代高效持续林业——中国林业发展道路的抉择[J]. 林业经济(04)：38-45.
沈慧，姜凤岐，杜晓军，等，2000. 水土保持林土壤肥力及其评价指标[J]. 水土保持学报，14(02)：60-65.
沈慧，鹿天阁，2000. 水土保持林土壤抗蚀性能评价研究[J]. 应用生态学报(3)：345-348.
苏永中，赵哈林，2004. 科尔沁沙地农田沙漠化演变中土壤颗粒分形特征[J]. 生态学报，24(01)：71-74.
孙冰，杨国亭，1994. 白桦种群的年龄结构及其群落演替[J]. 东北林业大学学报，22(03)：43-48.
孙立达、朱金兆，1995. 水土保持林体系综合效益研究与评价[M]. 北京：中国科技出版社.
田育新，吴建平，2002. 林地土壤抗冲性研究[J]. 湖南林业科技，29(03)：21-23.
王春玲，郭泉水，谭德远，等，2005. 准噶尔盆地东南缘不同生境条件下梭梭群落结构特征研究[J]. 应用生态学报, 16(07): 1224-1229.
王国宏, 2002. 再论生物多样性与生态系统的稳定性[J]. 生物多样性, 10(01): 126-134.
王库, 2001. 植物根系对土壤抗侵蚀能力的影响[J]. 土壤与环境, 10(03): 250-252.
王馨, 张一平, 2006. 西双版纳热带季节雨林与橡胶林林冠的持水能力[J]. 应用生态学报, 17(10): 1782-1788.
王秀珍, 黄敬峰, 李云梅, 等, 2003. 水稻叶面积指数的多光谱遥感估算模型研究[J]. 遥感技术与应用, 18: 57-65.
王云琦, 王玉杰, 张洪江, 等, 2004. 重庆缙云山几种典型植被枯落物水文特性研究[J]. 水土保持学报, 18(03): 41-44.
温远光, 1995. 我国主要生态系统类型降雨截留规律的数量分析[J]. 林业科学, 31(04): 289-298.
乌云娜, 张云飞, 1997. 草原植物群落物种多样性与生产力的关系[J]. 内蒙古大学学报: 自然科学版, 28(05): 667-673.
吴承祯, 洪伟, 1999. 不同经营模式土壤团粒结构的分形特征研究[J]. 土壤学报, 36(02): 163-167.
吴承祯, 洪伟, 2000. 杉木数量经营学引论[M]. 北京: 中国林业出版社.
吴征镒, 1991. 中国种子植物属的分布区类型[J]. 云南植物研究 (增刊): 1-139.
吴征镒, 2004. 中国植物志[M]. 北京: 科学出版社.
萧江华, 1983. 材用毛竹林的地下系统结构[J]. 竹类研究, 2(01): 114-119.
熊毅, 1983. 土壤胶体的物质基础(第一版)[M]. 北京: 科学技术出版社.
徐明岗, 文石林, 高菊生, 2001. 红壤丘陵区不同种草模式的水土保持效果与生态环境效应[J]. 水土保持学报, 15(01): 77-80.
杨利民, 韩梅, 李建东, 1997. 生物多样性研究的历史沿革及现代概念[J]. 吉林大学学报, 19(02): 109-114.
杨利民, 周广胜, 李建东, 2002. 松嫩平原草地群落物种多样性与生产力关系的研究[J]. 植物生态学报, (05): 589-593.
杨培岭, 罗远培, 石元春, 1993. 用粒径的重量分布表征的土壤分形特征[J]. 科学通报, 38(20): 1896-1899.
杨晓霞, 周启星, 王铁良, 2007. 土壤性质的内涵及生态指示与研究展望[J]. 生态科学, 26(04): 374-380.
杨艳生, 1999. 我国南方红壤流失区水土保持技术措施[J]. 水土保持研究, 6(02): 117-120.
杨一松, 王兆骞, 陈欣, 等, 2004. 南方红壤坡地不同利用模式的水土保持及生态效益研究[J]. 水土保持学报, 18(05): 84-87
杨玉盛, 1992. 不同利用试上紫色土可蚀性的研究[J]. 水土保持学报, (3): 52-

58.
姚爱静，朱清科，张宇清，等，2005. 林分结构研究现状与展望[J]. 林业调查规划，6(02)：70-76.
尹光彩，周国逸，刘景时，等，2004. 鼎湖山针阔叶混交林生态系统水文效应研究[J]. 热带亚热带植物学报，12(03)：195-201.
张洪江，程金花，余新晓，等，2003. 贡嘎山冷杉纯林枯落物储量及其持水特性[J]. 林业科学，39(05)：147-151.
张华，2007. 影响大同地区土壤入渗能力的因素分析[J]. 人民黄河，29(04)：49-53.
张建国，段爱国，2004. 理论生长方程与直径结构模型的研究[M]. 北京：科学出版社.
张建国，李贻铨，纪建书，等，1996. 施肥对杉木幼林根系生长的影响[J]. 林业科学研究，9(专刊)：48-57.
张金池，康立新，1994. 苏北海堤林带树木根系固土功能研究[J]. 水土保持学报，2(02)：43-47，55.
张金屯，2003. 数量生态学[M]. 北京：科学出版社.
张齐生，2007. 竹类资源加工及其利用前景无限[J]. 中国林业产业，(03)：22-24.
张一平，王馨，刘文杰，2004. 热带森林林冠对降水再分配作用的研究综述[J]. 福建林学院学报，24(03)：274-282.
张咏梅，周国逸，吴宁，2004. 土壤酶学的研究进展[J]. 热带亚热带植物学报，12(01)：83-90.
赵晓，2014. 毛竹林碳储量对冠层参数的响应分析与评价[D]. 杭州：浙江农林大学.
中国科学院中国植物志编辑委员会，2004. 中国植物志(第一卷)[M]. 北京：科学出版社.
中华人民共和国水利电力部部标准，1988. 水土保持试验规范[M]. 水利电力部农村水利水土保持司.（已废止）
周芳纯，1993. 竹林培育学[J]. 竹类研究，93(01)：1-95.
周礼恺，1987. 土壤酶学[M]. 北京：科学出版社.
周丽霞，丁明懋，2007. 土壤微生物学特性对土壤性质的指示作用[J]. 生物多样性，15(02)：162-171.
周维，张建辉，2006. 金沙江支流冲沟侵蚀区四种土地利用方式下土壤入渗特性研究[J]. 土壤(3)：333-337.
周宇，2007. 加快发展山区产业和花卉业——访全国政协人口资源环境委员会副主任、中国林学会理事长、中国花卉协会会长江泽慧[J]. 绿色中国：综合版，(03)：26-29.
朱旭珍，2014. 三种不同方法估算森林叶面积指数的比较研究[D]. 杭州：浙江农林大学.
Bruijnzeel L A，Sampurno S P，Wiersum K F，1987. Rainfall interception by a young

Acacia auriculiformis (a. cunn) plantation forest in West Java, Indonesia: Application of Gash analytical model[J]. Hydrogeology Processes, 1(4): 309-319.

Calder I R, 1996. Dependence of rainfall interception on drop size: 1. Development of the two-layer stochastic model[J]. Journal of Hydrology, 185(1-4): 363-378.

Cihacek L J, Swan J B, 1994. Effects of erosion on soil chemical properties in the north central region of the Uinted States[J]. Journal of Soil & Water, 49(3): 259-265.

Enquist B J, Niklas K J, 2001. Invariant scaling relations across tree-dominated communities[J]. Nature, 410: 655-660.

Gao X, Jiang Z, Guo Q, Zhang Y, Yin H, He F, Qi L, Shi L, 2015. Allometry and Biomass Production of Phyllostachys Edulis Across the Whole Lifespan[J]. Polish Journal of Environmental Studies, 24.

Gianfreda L, Sannino F, Violante A, 1995. Pesticide effects on the activity of free, immobilized and invertase [J]. Soil Biology and Biochemistry, 27 (09): 1201-1208.

Hall R. L, 2003. Interception loss as a function of rainfall and forest types: Stochastic modelling for tropical canopies revisited[J]. Journal of Hydrology, 280(1-4): 1-12.

Heribert I, 2001. Developments in soil microbiology since the mid 1960s[J]. Geoderma, 100(3-4): 389-402.

Hiller D, 1982. Introduction to soil physics[M]. Academic Press.

Liu R, Chon J M, Liu J, et al, 2007. Application of a new leaf area index algorithm to China's landmass using MODIS data for carbon cycle research[J]. Journal of Environmental Management, 85(3): 649-658.

Mac Arthur R H, MacArthur J W, 1961. On Bird Species Diversity[J]. Ecology, 42(3): 595-599.

Myneni R B, Hoffman S, Knyazikhin Y, Privette J, Glassy J, Tian Y, Wang Y, Song X, Zhang Y, Smith G, 2002. Global products of vegetation leaf area and fraction absorbed PAR from year one of MODIS data[J]. Remote sensing of environment, 83: 214-231.

Pielou E C, 1975. Ecological Diversity[M]. New York: John Wiley and Sons Inc.

Robin L, Hall R L, et al, 1996. Dependence of rainfall interception on drop size: 3. Implementation and comparative performance of the stochastic model using data from a tropical site in Sri Lanka[J]. Journal of Hydrology, 185(1-4): 389-407.

Shabanov N V, Dong H, Yang W, et al, 2005. Analysis and optimization of the MODIS leaf area index algorithm retrievals over broadleaf forests[J]. IEEE Transactions on Geoscience & Remote Sensing, 43(8): 1855-1865.

Pielou E C, 1975. Ecological Diversity[M]. John Wiley and Sons Inc., New York, 165.

Soudani K, Francois C, Le Maire G, et al, 2006. Comparative analysis of IKONOS, SPOT, and ETM+ data for leaf area index estimation in temperate coniferous and deciduous forest stands[J]. Remote Sensing of Environment, 102: 161-175.

Ter-Mikaelian M T, Korzukhin M D, 1997. Biomass equations for sixty-five North American tree species[J]. Forest Ecology and Management, 97: 1-24.

Toscano G, Colarieti M L , Greco Jr G, 2003. Oxidative polymerisation of phenols by a phenol oxidase from green olives [J]. Enzyme and Microbial Technology, 33: 47-54.

Van Bavel, C H M, 1949. Mean weight-diameter of soil aggregates as astatistical index of aggregation[J]. Soil Science Society American Proceedings, 14: 20-23.

Whittaker R H, and Niering W A, 1965. Vegetation of the Santa Catalina Mountains, Arizona, (Ⅱ). A gradient analysis of the south slope[J]. Ecology, 46(4): 429-452.

Whittaker R H, Niering W A, 1965. Vegetation of the Santa Catalina Mountains, Arizona: A gradient analysis of the south slope[J]. Ecology, 46(4): 429-452.

附　录

竹林生态系统国家定位观测研究站名录

序号	生态站名称	技术依托单位	建设单位
1	安徽太平竹林生态系统国家定位观测研究站	国际竹藤中心	国际竹藤中心、安徽太平实验中心
2	海南三亚竹藤伴生林生态系统国家定位观测研究站	国际竹藤中心	国际竹藤中心
3	江苏宜兴竹林生态系统国家定位观测研究站	国际竹藤中心、南京林业大学	国际竹藤中心
4	云南滇南竹林生态系统国家定位观测研究站	西南林业大学、国际竹藤中心	国际竹藤中心
5	广西凭祥竹林生态系统国家定位观测研究站	中国林科院热带林业实验中心、国际竹藤中心	国际竹藤中心
6	四川长宁竹林生态系统国家定位观测研究站	国际竹藤中心、四川省林业科学研究院	国际竹藤中心
7	福建永安竹林生态系统国家定位观测研究站	国际竹藤中心、福建省林业科学研究院	国际竹藤中心
8	湖北幕阜山竹林生态系统国家定位观测研究站	湖北省林业科学研究院	湖北省林业科学研究院
9	浙江浙西北竹林生态系统国家定位观测研究站	浙江省林业科学研究院、国际竹藤中心	浙江省林业科学研究院
10	江西井冈山竹林生态系统国家定位观测研究站	江西省林业科学研究院、国际竹藤中心	江西省林业科学研究院